"家有萌宠"系列图书

做狗狗的营养师

营养师

ZUO GOUGOU DE YINGYANGSHI

郭锐 主编

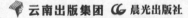云南出版集团 晨光出版社

图书在版编目（CIP）数据

做狗狗的营养师 / 郭锐主编 . -- 昆明：晨光出版
社，2018.8
（"家有萌宠"系列图书）
ISBN 978-7-5414-9825-1

Ⅰ．①做… Ⅱ．①郭… Ⅲ．①犬－驯养 Ⅳ．
① S829.2

中国版本图书馆 CIP 数据核字 (2018) 第 161463 号

做狗狗的营养师

ZUO GOUGOU DE YINGYANGSHI

郭锐　主编

出 版 人	吉 彤
策　　划	吉 彤 温 翔
项目执行	金版文化
责任编辑	杨亚玲
装帧设计	金版文化
邮　　编	650034
地　　址	昆明市环城西路 609 号新闻出版大楼
出版发行	云南出版集团　晨光出版社
电　　话	0755-83474508
印　　刷	深圳市雅佳图印刷有限公司
经　　销	各地新华书店
版　　次	2019 年 1 月第 1 版
印　　次	2019 年 1 月第 1 次印刷
书　　号	ISBN 978-7-5414-9825-1
开　　本	711mm×1016mm　1/16
印　　张	12
定　　价	45.00 元

目录

Part 1

狗狗吃得好，长得棒

Part 2

动动手，为狗宝贝准备天然美食

Part 3

常见狗狗日常喂养

狗狗的营养代谢性疾病

Part 5

喂养狗狗Q&A

Part 1
狗狗吃得好，长得棒

当狗狗来到家中的那一天，它的生命就交付在主人手上。每个主人心里都有着共同的愿望：希望狗狗健康长寿。有饮食才能生活，而给予什么样的食物、如何喂养狗狗，乃是决定它们能否健康生活的关键性要素之一。

常见狗狗
分类及品种欣赏

家有狗宝贝，欢声笑语多。温顺可爱的狗狗是我们人类的好朋友，忠诚地守护和陪伴着我们，给我们带来无数的快乐和温暖。那么，关于可爱的狗宝贝你了解多少呢？让我们一起走近它们吧！

狗狗的分类

世界各民族都有养狗的习惯，据统计，目前全世界的家犬品种已达 450 多个。它们大小不一，大者似狼，小者如猫。在面貌和毛色上更是五花八门，千姿百态。创立了动物分类系统及动物命名"双名法"的瑞典著名生物学家林奈先生，就将世界上所有家养的犬种统一命名为"家犬"，并一直沿用至今。

狗的品种如此多，要想对为数众多的犬种进行正确而合理的分类，是一件比较困难的事情。目前较常用且较易为人们理解的分类方法是按狗的用途和体形分类。根据用途分类，狗狗大致可以分为玩赏犬、单猎犬、牧羊犬、群猎犬、梗犬、工作犬和伴侣犬；根据体型分类，狗狗大致可以分为超小型犬、小型犬、中型犬、大型犬、超大型犬。

🐾 玩赏犬

玩赏犬最早源于中国古代宫廷，作为宠物饲养，以陪伴为饲养目的，现代成为专供人欣赏嬉戏的犬种。特点是体型小巧玲珑、驯良忠实。品种有吉娃娃、日本犬、博美犬、贵妇犬、冠毛犬等。

🐾 工作犬

工作犬大多体型较大，体格强壮，忠于职守，机警聪明，有优秀的判断力和自制力。经过训练后可以帮助主人完成守卫和运输工作。品种有西伯利亚雪橇犬、杜宾犬、沙皮、松狮、拳师犬、伯尔尼山犬、西摩犬、圣伯纳犬等。

🐾 单猎犬

单猎犬特点是活泼好动、聪明警觉，是一种特别惹人喜欢的宠物犬。可以接受很多任务，如指示捕猎目标、追踪猎物和拾回猎物等。品种有黄金猎犬、美国可卡犬、拉布拉多猎犬、英国可卡犬等。

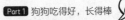

🐾 群猎犬

　　群猎犬有优良的狩猎特性，拥有良好的嗅觉，奔跑速度非常快。主要用来帮助人类狩猎、寻找猎物、阻止猎物逃跑、按主人的指示追捕猎物或取回被打中的猎物等，也可以用来看家护院。品种有腊肠犬、阿富汗猎犬、米格鲁犬、巴吉度猎犬等。

🐾 牧羊犬

　　牧羊犬反应灵敏，聪明，有很好的体力，有几千年保护牲畜、管理牧群的历史。品种有苏格兰牧羊犬、彭布罗克柯基犬、老式英国牧羊犬、喜乐蒂牧羊犬等。

🐾 梗犬

　　梗犬是近几百年来英国培育出的新品种。它们精力充沛、活跃好奇，体型大都比较小，样子很有特色，惹人喜欢。品种有西部高地白、约克夏、迷你史纳莎、牛头、迷你宾沙犬等。

🐾 伴侣犬

　　伴侣犬没有共同的特点及相似的长相，它们的面容、体态和毛色也没有共同点。这类犬是不属于其他六大类犬，而以其实用性进行的分类。人们可以根据需求选择适合自己的伴侣犬。

体型分类法

🐾 超小型犬

指从出生到成年体重不超过
4千克、身高在25厘米以下的
犬种。是体型最小的一种狗，也
称"袖犬""口袋犬"，属于玩
赏犬中的珍品。品种主要有吉娃
娃、约克夏犬、博美犬、法国玩
具贵宾犬、腊肠犬、北京犬、马
尔济斯犬等。

🐾 小型犬

指成年时体重不超过10千
克、身高在25.5～40厘米的犬
种。体型适中，大多属于玩赏犬，
多受人们喜爱。品种主要有标准
贵宾犬、西施犬、巴哥犬、西藏
猎犬、玩具曼彻斯特犬、小型雪
纳瑞犬、北京犬、蝴蝶犬等。

🐾 中型犬

指成年时体重在 11 ~ 30 千克、身高在 41 ~ 60 厘米的犬种。天性活泼，分布较广，数量最多，对人类的作用也最大，主要用于看护和狩猎。品种主要有哈士奇、柴犬、拉布拉多犬、大麦町犬、沙皮狗、斗牛犬、边境牧羊犬等。

🐾 大型犬

指成年时体重在 30 ~ 40 千克、身高在 60 ~ 70 厘米的犬种。体格魁梧，不容易被驯服，勇猛忠诚，可作为军犬、警犬和猎犬，也可作为护身用的工作犬、赛犬、导盲犬和牧羊犬。用途非常广泛，被爱犬专家们认为是最有魅力的类型。品种主要有秋田犬、英国猎血犬、藏獒、寻血猎犬、巨型雪纳瑞、法老王猎犬、阿拉斯加雪橇犬等。

🐾 超大型犬

指成年时体重在 41 千克以上、身高在 71 厘米以上的犬种。这是最大的一种狗，数量较少，多用于工作或在军中服役。品种有大丹犬、大白熊犬、那不勒斯獒、爱尔兰猎狼犬、库瓦兹犬、苏俄猎狼犬等。

狗狗离不开的
营养要素有哪些

　　可以从宠物店、网上买到各式各样的狗粮，这些狗粮可以提供给狗适当的营养。有些主人喜欢完全依靠这些成品狗粮喂食狗狗，有些人则更愿意自己动手喂狗，烹制新鲜食物给狗狗吃。其实不管怎样，只要能保证给狗狗提供足够的营养都是可以的。

水

　　水虽然是最普通的营养物质，但却是最重要的。水占成年狗狗体重的 60% 以上，是构成狗狗体内所有细胞、组织和体液的"生命之源"，起着营养物质的吸收和运输、代谢物的排出、调节体温和促进消化等重要作用。正常情况下，成年犬每天每千克体重约需要 100 毫升水，幼犬每天每千克体重约需要 150 毫升水。高温季节、活动之后或饮食较干的饲料时，应增加饮水量。在饲养中可以采用全天供应饮水的方式，主人要让狗狗能够随时随地喝到清水。

蛋白质

以动物性蛋白为主，狗为杂食性动物，凡是人吃的东西它都能吃，但是本性还是肉食倾向。所以用含有动物性蛋白质的食物喂食比较理想，特别是正在发育阶段的幼犬，大约每千克体重每天须补充 8 ~ 9 克的蛋白质。

动物性蛋白摄食的方法很多，如牛肉、鱼肉、鸡肉、鸡蛋、牛肝或鸡肝、牛奶等都是优良蛋白质的来源。

脂肪

脂肪是能量的主要来源，并可在犬身体中储藏，它在充分氧化后可以产生很高的热量。幼犬每日所需脂肪是成犬的 2 倍，幼犬每日需脂肪量为每千克体重 1.1 克，成年犬每天需要脂肪量按饲料干物质计算，以含 12% ~ 14% 为宜。

脂肪中包含油和脂类，其主要成分是脂肪酸，进入体内的脂肪需要被降解为脂肪酸后才能够被机体吸收。脂肪酸分为饱和脂肪酸和不饱和脂肪酸，其中不饱和脂肪酸是狗狗自身无法合成的，必须从食物中摄取，因此称为必需脂肪酸，也叫亚油酸和亚麻酸。

肉类及乳制品仍然是幼犬成长所需脂肪不可缺少的获取来源，但要注意鱼、肉水煮过比较安全。

碳水化合物

碳水化合物主要包括淀粉和纤维质，主要存在于谷物、薯类和蔬菜中。在犬体内主要用来供给热量和维持体温，并提供身体活动所需的能量。成年犬每天需要的碳水化合物应占饲料的75%，幼犬每天需要的碳水化合物约为每千克体重17～18克。

矿物质

矿物质又称为无机盐，由无机元素构成，是机体组织特别是骨骼和牙齿的主要成分。狗所需的主要矿物质有钙、磷、铁、铜、钴、钾、钠、氯、碘、锌、镁、锰、硒、氟等，这些元素是动物机体组织细胞（特别是骨骼）的主要成分，是维持酸碱平衡和渗透力的基础物质，而且还是许多酶、激素和维生素的主要成分，在促进新陈代谢、血液凝固、神经调节和维持心脏的正常活动中都有着十分重要的作用。

维生素

维生素是影响体力和新陈代谢的重要因素。其需求量虽然极其微小，却担负着调节生理机能的重要作用。维生素可以增强神经系统、血管、肌肉及其他系统的功能，参与酶系统的组成。缺乏维生素时，容易出现相应的疾病或生理障碍。可以将牛肝、鸡肝、鸡蛋、牛奶、乳制品等食品，搭配混合在其他食物中。

咦，我家狗狗是
如何消化食物的

很多人都以为，狗狗的消化系统和人的差不多，平时人和狗狗吃的食物可以是一样的，其实并不是这样的，狗狗的消化特征和人还是有很大区别的。人的消化是从食物一进入口中就开始了，而狗狗的消化是从食物进入胃中才开始的。

狗狗的消化系统非常独特，狗狗原本是食肉动物，经过人类的长期驯养后，变成了杂食动物。由于狗的消化系统构造特殊，甚至素食也能维持其生命。它的牙齿特别发达，擅长撕咬猎物和啃食骨头，但是不善于咀嚼，所以狗狗吃东西的时候总是表现为"狼吞虎咽"，它的口腔消化能力是很差的。

狗狗的汗腺不同于人，人的皮肤上布满了汗腺，而狗狗只有脚的肉垫上才有将多余盐分排出的汗腺。虽然狗狗喜欢吃有咸味的食物，但过多的盐分很难从它那很少的汗腺中排出去，只会给其肾脏和心脏造成负担，导致狗狗生病。除了特殊情况外，狗狗平常食物中所含的盐分已经足够了，不需再在它的食物中另外添加盐分。

从狗狗牙齿的外观来看，狗狗的牙齿是比较尖锐的，而人的牙齿则是平整的。狗狗的尖牙能够将食物撕碎，而人的牙齿可以很好地将食物咀嚼、消化。由于狗狗的牙齿没有咀嚼功能，所以在给狗狗准备食物时要合理搭配，使其容易消化和吸收。

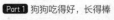

狗狗的消化器官

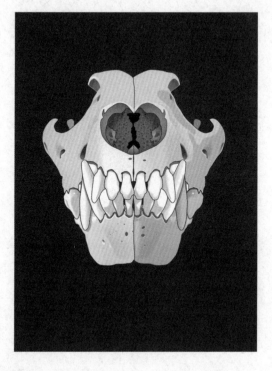

　　口腔是狗狗消化器官的起始部分，其口腔长而狭窄，口腔内有唾液腺的开口，分泌唾液消化部分食物。舌位于口腔底部，长而扁，表面布有味觉感受器，在夏季是主要的散热器官。齿位于上颌骨和下颌骨的齿槽中，分为切齿、犬齿和臼齿，每颗牙齿又分为齿冠、齿颈、齿根3部分，参与采食和咀嚼。犬的乳齿为28个，分为门齿（切齿）、犬齿、前臼齿；恒齿为42（长头颅）或38（短头颅）个，分为门齿、犬齿、前臼齿和后臼齿4种，其齿式分别为：

　　乳齿式，3～1～3/3～1～3；恒齿式，3～1～4～2/3～1～4～3或3～1～4～1/3～1～4～2。

　　狗狗的胃弯曲呈梨形，容量为每千克体重100~250毫升，胃的容量比整个肠道的容量大。一只中等体型的犬，胃容量约为2.5升，且狗狗胃伸缩性较强，一次可食入较多食物。犬的胃能够贮存大量食物，食物在这里进行初步消化。胃腺区分泌胃液，胃液呈弱酸性，具有强烈的杀菌作用。犬胃能分泌大量的胃液，胃液中盐酸的含量为0.4%~0.6%，在家畜中居首位。盐酸能使蛋白质膨胀变性，便于分解消化。因此，狗狗对蛋白质的消化能力很强，这与其肉食习性的生理基础有关系。

　　肝脏约占体重的3%，是狗体内最大的消化腺；胰腺为内分泌功能的腺体，胰腺分外分泌腺和内分泌腺两部分，外分泌腺分泌胰液，参与食物的消化；内分泌腺为胰岛，分泌胰岛素。

　　狗对蛋白质和脂肪能很好地消化吸收，但因咀嚼不充分和肠管短，不具发酵能力，故对粗纤维的消化能力差。因此，给狗狗喂蔬菜时应切碎、煮熟，不宜整块、整颗地喂。

狗狗的消化特点

　　狗消化食物主要在胃和小肠中进行。由于胃和小肠分泌的消化液中蛋白酶和脂肪酶含量丰富，淀粉酶较少，胃肠中几乎没有能使纤维素发酵降解的微生物。

　　因而狗对含有较高水平的蛋白质和脂肪的动物性饲料消化能力强，而对植物性饲料消化能力弱，对粗纤维饲料几乎不能消化。

　　小肠是狗吸收营养物质的主要功能器官，90% 的营养物质在小肠上部和中部的肠壁面被吸收，大肠只能吸收 10% 的营养物质和水分。狗的肠道长约 4.5 米，是体长的 3 ~ 5 倍，而牛、羊等草食动物的肠道则是体长的 7 ~ 10 倍。由于消化道较短，食物在体内存留时间也较短，为 12 ~ 14 小时，而牛、羊可达 5 天左右。因此，狗容易有饥饿感，并且对食物消化吸收比牛、羊差，粪便中仍有尚未被消化吸收的营养物质。

仔细研究一下
狗狗的狗粮

狗粮的分类

　　市面上有多种多样的狗粮，那么狗粮要怎么分类呢？我们就按照大家熟悉的狗粮制造者对象来分一下类吧。一般可以分为工业化商品型狗粮和家庭型自制狗粮。工业化商品型狗粮一般是在市场上购买的成品型狗粮，家庭自制狗粮以自制天然饭食为主。

商品型狗粮

方便是商品型狗粮的最大特色，而且，在正规生产厂商营养医师的把关下，营养素均衡，甚至在味道和形状上力求有变化。虽然保存的方法随形态不同而有异，但对忙碌的现代人来说，能节约时间，省去为狗狗调理的麻烦。市面上有适合各种年龄、针对各种生理状况的狗粮出售，不但方便狗主人选购，而且喂食狗狗时也相当简单方便。商品型狗粮一般分为三种：干型狗粮、半湿型狗粮、罐装狗粮。此外还有包括大饼干、除臭饼干和牛肉干等零食类狗粮，同时还供应有特殊营养需求的病狗或工作狗的狗粮。

🐾 干型狗粮

干型狗粮含水量低，通常为 10% ~ 20%，有颗粒状、饼状、粗粉状或者膨化饲料。这种饲料不需要冷藏就可以长时间保存，进食时要给狗狗提供充足的饮水。这种口粮携带方便，喂食方便，现在越来越受到大家的喜爱，尤其是一些忙碌的白领族。

一般来说，各种品牌的干型狗粮营养成分相差不多，但因为食物配方不同，针对的狗狗年龄和品种也大不相同，比如让幼犬吃容易消化的幼犬专用粮，成犬吃能量型成犬粮等。干型狗粮营养成分比较稳定、均衡，狗狗在进食过程中还能顺便清洁牙齿。

🐾 半湿型狗粮

半湿型狗粮含水量在 25% ～ 30%，一般做成小馅饼装，密封口袋包装，本身有防腐剂，不必冷藏。

优点是狗狗食用方便，保存方便；缺点是含有防腐剂，不适合长期给狗狗食用。

🐾 罐装狗粮

罐装狗粮含水量为 74% ～ 78%，制成各种犬食罐头，营养成分齐全，口感好，是很受欢迎的狗粮。根据价位的高低，营养成分的差别也很大。价格高的，用的是比较好的肉质材料；价格便宜的，则多半采用没有搅碎的动物内脏。

罐头食品的优点是维生素成分不容易流失，味道可口；缺点是肉类多，导致狗狗的粪便臭味较浓，长期食用容易造成牙结石。干粮虽然没有罐头味道好，但是容易消化吸收，粪便也不会很臭。

🐾 吃狗粮的好处

狗粮是运用化学配方生产的专门给宠物狗食用的食物，包含狗日常需要的维生素、矿物质、蛋白质、脂肪等营养素。此外，狗粮的硬度是按照狗狗牙齿的硬度而特别设计的，除了可以训练它们的牙齿，还有清洁口腔和预防牙结石的作用。最好在狗狗 10 个月大之前就开始喂食狗粮，因为狗狗那个时候还处在成长期，营养均衡很重要，同时也能让狗狗养成吃狗粮的习惯。

如何正确选择狗粮

市售狗粮的种类非常多，但选择性愈多，主人就愈为难。究竟自己的狗狗应该吃什么样的狗粮呢？这会使许多主人感到茫然，无从选择。对于大多数主人来说，安全、健康、美味是选择狗粮的重要标准。第一次购买的时候，量不能太多，可少量买两三种，看看狗吃的反应，注意观察狗狗的胃口、消化吸收程度以及排泄物的形状。狗粮在开封后，必须妥善保存，罐头要放进冰箱，干粮要封存。

🐾 认清狗粮的成分

很多狗粮有口味之分，比如"牛肉味""鸡肉味"等。专业的狗粮中，成分列表按重量递减的方式排列，比如鸡肉在成分标签列表中排第一位，则说明该狗粮中，鸡肉是主要成分，其他成分含量则相对较低。在购买狗粮时，如果正面包装袋上写着"鸡肉味"，可是背后的成分配比中，鸡肉却没有排在第一位，那就说明这款狗粮名不副实；如果排在第一位的是"肉"，却没有具体写清楚是什么肉，则多半是品质不良的肉。碰到这两种情况，最好不要购买，以免对狗狗的健康不利。

🐾 购买进口狗粮要看清商品信息

在购买进口狗粮时，要注意尽可能找有中文说明并附有进口商地址和电话的产品，以防误用。网上购买时一定要找值得信赖的商家，保证能随时可以和店家沟通、反馈狗狗食用狗粮后的情况。

🐾 购买散装狗粮要保存好

每次购入量不要太多，最好是每次买入一周的量；一定要用密封性好的容器装狗粮，这样可以避免狗粮受潮、变质。

🐾 鉴定肉类成分

要区别狗粮的"纯正度"，可做个小试验：将要区别的狗粮分别放入微波炉中，加热约 2 分钟，然后闻闻加热后的狗粮味道，如果味道比较香且肉味浓，主人就可以放心给狗狗吃；如果加热后散发出刺鼻的化学剂味道，就不要让狗狗食用。

自制狗粮

很多养狗者仍用自制狗粮喂狗，但有相当数量的养狗爱好者不太注意狗粮搭配，只给狗喂一些人们吃剩的饭菜，这样饲养的狗容易患营养不良或营养过多症，时间长了，狗狗的毛容易失去光泽。

狗狗较之人类，生活比较单纯。狗狗的身体功能、健康状态、寿命长短，在很大程度上取决于它所吃的食物是否营养合理。因此，为了使狗狗能健康地成长，根据其营养需要，将各种饲料按一定的比例混在一起，制成营养较全面的狗粮，还是十分有必要的。肉类和蔬菜可以供给狗狗所需要的均衡营养的全部要素。

新鲜的蔬菜水果，像胡萝卜、莴笋和苹果等都可以给狗狗补充充足的维生素；炒鸡蛋清淡而富有营养，是小狗狗和生病狗狗的理想食品；米饭和鸡肉搭配，是生病狗狗恢复期的最佳食物。如果饲养大型的斗狗，注意不要用生肉喂食，以防止它们习惯血腥食物后可能会危害人畜。

自制的狗粮与市场上其他的成品狗粮相比，更容易引起狗狗牙齿方面的疾病，所以一定要注意保持狗狗的口腔卫生。

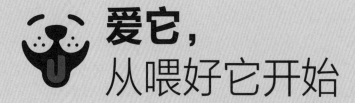

爱它，
从喂好它开始

把一只幼犬抚养成成犬，必须供应它每日需消耗的热量，并设法维持三大营养素的摄取均衡，即保持动物性蛋白质 30% ～ 35%、脂肪 15% ～ 20%、碳水化合物 50% 的比例。特别是成长中的幼犬，每千克体重的需求量要比成犬高出许多，所以在食物方面决不可偷工减料。

狗狗吃饭的用具

一般由陶瓷或金属制成，容易清洗。请选择不会翻倒的碗，并且将食物和水分开盛装在不同的碗里。一般耳长下垂的狗狗适合深底的碗，嘴巴短的狗狗则适合浅底的食具。为了避免狗狗在进食时头陷在食物里或泡在水里，应该随着狗狗的成长及时更换大小合适的碗。

喂食狗狗的原则

狗狗是杂食动物，可以喂食的东西很多。但是，在喂狗狗的时候需要确保食物营养均衡，并避免狗狗因吃错东西而引起不良反应。

🐾 每天喂食的次数

出生三个月前的幼犬，因消化机能尚未健全，应少量多餐，一天分四次喂食。三个月过后，可减少为早、中、晚三次，并尽量喂食易消化、营养均衡的食物。一岁左右时，因骨骼发育完成，只要一天喂两次已足够。

🐾 食量因犬种及体重而有差异

关于狗狗一次进食的分量，依照正常的计算方法。狗狗每日每千克体重需摄取150千卡热量，体重10千克就要摄取1500千卡的热量，替狗拌食时可以以此为标准。幼犬的食物要讲求容易消化，然后随年龄增长，再慢慢喂食固态的食物，供作磨牙之用。

如何在喂食下一餐之前，让狗狗产生空腹感是很重要的，重点是不要让它吃太多零食，以免导致狗狗产生偏食的习惯。

🐾 关于狗狗吃饭的要点

狗狗是反应很慢的动物，当它们的大脑接收到"吃饱了"这个信息时，它们吃的东西通常比身体的正常所需超出许多。狗的肠胃跟人相似，吃少了就会饿；吃了太多食物时，可能会出现呕吐情况或消化系统疾病。因此喂食时，要掌握以下四个诀窍：

1. 只要让狗狗吃八分饱就可以了，不能让它吃得太多。

2. 狗狗吃完饭后，要马上将食物碗洗干净，免得引来蚂蚁、蟑螂、蚊虫、苍蝇等。同时也要把狗狗没吃完的食物处理掉，最好不要给狗狗吃剩下的食物，特别是在食物容易变质的夏季。

3. 刚吃完饭后，不要马上带狗狗出门做运动，先让它在家里休息半个小时，等食物消化得差不多了，再领它出门。

4. 记住，在食物碗旁边，永远都要放一碗清水，当狗狗吃得太咸或者嘴巴干时，它随时都能找到水喝。

🐾 不要给狗粮加热

干粮完全不需要加热，因为干粮在加热之前，通常需要先加水，如此一来，会破坏其原有的营养。狗干粮都是经干燥处理过的，类似于儿童食品，而且都已精心调制好适当的松脆度，有利于狗狗的消化及训练牙齿。

半湿型狗粮一般放在密封袋里，不必冷藏，可以拿给狗狗直接食用，不需要另外加热，以免破坏其中的营养素。

对于罐头，新开罐则无须加热，因为在封罐前，罐头曾经过严格灭菌处理。一般在开罐后一次吃完。如果有剩余就放入冰箱，密封保存，再取出食用时应加热至50℃，再给狗吃就行了。

🐾 不要随意在狗粮中添加其他料

狗粮其实就是狗狗的食物，不管是干粮，还是罐头都是营养均衡的食物。它含有各个阶段狗狗所需的营养素，而且各种营养素之间的比例合理搭配，有利于狗狗的消化吸收，让狗狗健康成长。在狗粮中添加其他食物，就会破坏其合理的营养素平衡，影响各营养素的吸收，有可能导致狗狗发胖，或引起某些营养性疾病。但是，宠物干粮搭配宠物罐头食品却是一种完美组合，这种食品搭配方式既具有食物干粮的高密度，全面均衡营养，又具有宠物罐头的上佳口感，而且不影响宠物日常粮食的营养全面性和均衡性。

🐾 更换狗粮切不可急于求成

更换狗粮的品牌或种类时，要先试用两三天，每次掺一半新的食物，逐渐增加新的分量，一周后再全部用新的，切忌马上全换成新狗粮。

🐾 计算狗狗每日所需的热量

犬类都有其生命周期。一般的饲料制造公司会以幼犬、成犬、老龄犬等不同年龄段来制作并销售饲料，并强调犬类需要食用符合其年龄段的食物。主人在选择符合自己狗宝贝年龄的饲料时，会感到更加放心。首先，让我们了解一下不同身体大小（体重）的宠物狗狗的基本热量需求。

超小型犬和小型犬	1 千克—140 千卡
	3 千克—315 千卡
	5 千克—450 千卡
	10 千克—750 千卡
中型犬	15 千克—1040 千卡
大型犬	20 千克—1240 千卡
	25 千克—1475 千卡
	30 千克—1630 千卡
	40 千克—2080 千卡
	50 千克—2450 千卡

这些数值是以基本的体重换算出的所需热量。但实际生活中，当主人提供了相应热量的饭菜时，也会出现宠物狗狗变胖或变瘦的情况。这时候主人要适时调整狗狗的粮食。

🐾 狗狗可以吃的水果

水果能够帮助狗狗调节肠胃功能、摄取膳食纤维，能够让狗狗的肠胃更加健康。狗狗便秘或食欲不好的时候，可以适当地食用水果来调节。水果中的纤维素和水分可以增强狗狗的肠胃功能，而水果清凉香甜的味道对狗狗而言也是很好的享受。

苹果、梨、樱桃、西瓜、桃子都可以给狗狗吃，也可以让其吃少量的香蕉。狗狗的肠胃功能也会有所差异，如果发现狗狗吃了某种水果后出现拉肚子或呕吐的现象，那就不要再给它吃那种水果了。

一年四季，
给狗狗不同的关爱

春季

　　春季是天气开始变暖的季节，狗狗的食量应该比冬季减少 10%。因为冬季过后，狗狗已经不再需要太多的热量来维持体温。如果想给狗狗吃零食的话，最好喂肉干之类的食物并且要算作一日食量的一部分。春季是个容易发胖的季节，主人应当适当控制狗狗的饮食。随着温度和湿度的增加，食物容易发霉，没吃完的食物应放在密封容器中，并放在冰箱或者通风处保存起来。

夏季

　　夏季是狗狗食欲下降的季节。像萨摩耶那种有双层被毛的长毛犬种，非常怕热，到了夏季食欲就会下降。这是减少脂肪以防过度暑热的正常生理现象，所以主人不必担心。但每个月要给狗狗称 1 次体重，如果体重减轻了 10%，就说明它的身体出了毛病。如果到了夏季，狗狗经常待在空调房，食欲仍然很旺盛，就要防止它发胖。这时候不能大量减少狗狗的食量，而应该在狗粮中混入低热量的食物，这样有利于合理控制狗狗的食量。

秋季

　　不仅是人类，狗狗在秋季的食欲也很旺盛，这是为了过冬而储备皮下脂肪的正常生理现象。但若是吃得过多仍然会发胖，如果狗狗的体重直线上升，主人能直接感觉到它的赘肉变多了，就应该及时给它减肥了。减肥时不用减少狗狗的食量，只要在狗粮中掺杂一些卷心菜，就能将高热量的食物换成低热量的食物了。天气好的时候，多带它出去做运动，也有助于防止其肥胖。

冬季

　　狗狗和主人一样，冬季是食欲十分旺盛的季节，但应注意补充水分。为保持体温，小狗狗冬季的食欲极其旺盛，大量积累皮下脂肪，所以应该适当增加它的食量。但是吃得过多会引起肥胖，应该定期给它称体重并进行脂肪检测。另外，暖气会使室内空气干燥，应经常准备新鲜的水，以防它口渴。

喂养雷区不要踩

🐾 狗狗忌食菜单

狗狗看到家人在餐桌前吃着大鱼大肉和好吃的点心时，也会嘴馋想吃，但为了它的健康，下列食品应该收藏好：

洋葱、葱类

狗狗吃了这些，血液中会产生一种酵素，破坏血液中的红细胞，可能产生中毒现象。

乌贼、鱿鱼、章鱼、贝类、虾子、螃蟹

这些不易消化的食品，可能引起狗狗腹痛、腹泻。

鸡骨或鱼骨

鸡骨和鱼骨的骨头非常尖利，会刺入狗狗的喉咙或割伤狗狗的嘴、食道、胃或肠，可能造成呕吐、腹泻或便秘，甚至卡在喉咙里，有时会引起肠出血。

甜点、蜜饯类

甜点、蜜饯类会成为蛀牙和肥胖的主要原因。

辛香料

香料等会增加狗狗肾脏、肝脏的负担，而且会使狗狗的嗅觉变得迟钝。

盐分高的食物

狗狗的身体无法排汗，因此过量的盐分无法排出。

刚从冷冻库里拿出的鱼肉、牛奶

这些食物容易引起下痢。

牛奶

牛奶中含有大量的乳糖，而狗狗的肠胃是不能很好吸收乳糖的。狗狗喝了牛奶后会出现放屁、腹泻、脱水或皮肤发炎等症状。主人可以购买专门为宠物研制的奶，这样才会有利于它们肠胃的健康。

🐾 巧克力是狗狗的天敌

巧克力中含有可可碱，是造成狗狗中毒的因素。吃了巧克力而中毒的狗狗，会出现呕吐、尿频、不安、过度活跃、心跳和呼吸加速等症状。严重时还会导致狗狗心律不齐、痉挛，甚至会因心血管功能丧失而导致死亡。

巧克力中毒与巧克力的种类、大小以及狗狗的体重都有直接关系，巧克力愈纯，狗狗体重愈轻，中毒的可能性就愈大，其中最危险的是高纯度的巧克力。一只体重 1 千克的狗狗，如果吃下 9 克纯巧克力，就可能导致死亡。

🐾 别给狗狗喝可乐

可乐以及很多饮料中都含有咖啡因，咖啡因虽然对人体无害，但是由于狗狗和人类的新陈代谢系统不同，所以，咖啡因和茶碱等物质都能伤害到狗狗。同时，可乐中含有的碳酸对狗狗的身体健康也很不利。

少量的咖啡因就有可能导致狗狗中毒。摄入太多含咖啡因的饮料，狗狗会出现过度喘息、极度兴奋、心跳加速、震颤、抽搐等症状。严重时，则可能影响到狗狗的中枢神经，甚至会导致狗狗因心脏衰竭而死亡。

🐾 少给狗狗吃甜食

人吃多了甜食会变胖，狗狗也不例外，爱吃甜食大概是狗狗和人的通病。蛋糕、甜点、饼干等甜食极容易导致狗狗肥胖，而且也容易造成狗狗钙质摄取不足和龋齿。尤其是在室内生活的狗狗，整天和家人一起生活，主人在空闲时，很容易喂它吃蛋糕、甜点、饼干。如此一来，狗狗的体重容易在不知不觉中增加，最终导致肥胖。因此，为了狗狗的健康，请不要给狗狗吃过多的甜食。

🐾 别给狗狗吃冰激凌

　　炎热的夏天，冰激凌等甜点是我们消暑的不错选择，舔着冰凉的冰激凌，我们都会由内而外感到凉爽。冰凉甘甜的冰激凌是我们的最爱，看看身边的狗狗，它们一定是伸着热乎乎的大舌头，睁着水汪汪的大眼睛，盯着主人手里的冰激凌。但是，不管眼神多么令人怜悯，主人也一定要忍住。

　　甜甜的冰激凌并不适合狗狗和猫咪的肠胃。因为其中的糖分和牛奶它们无法消化，年轻的狗狗或许尚可承受，但肠胃稍弱或年老的狗狗，吃过冰激凌后，就有可能出现严重的腹泻、呕吐以及皮肤过敏等症状。

　　实际上，含有糖分或牛奶含量过高的食物都不应该给狗狗食用。有些狗狗爱喝酸奶，这点主人则不用担心，酸奶还是可以在狗狗继续采取"装可怜"的攻势下让它尝尝鲜的。但是主人要注意，不要选有太多添加物或调味剂的口味，最好选择原味、低糖的酸奶给狗狗喝。

🐾 别给狗狗吃剩饭、剩菜

最好不要给狗狗吃人类的剩饭、剩菜。狗狗每天都有定时定量的饮食，狗狗身体对营养的需求也是定量的，如果主人给狗狗吃人类的剩菜、剩饭，并不能满足狗狗的身体需求。剩饭、剩菜中的盐分对狗狗而言过高，如果摄取过多食盐，狗狗的肝脏和肾脏会受到伤害。

另外，人类食物中，有许多调味品都对狗狗的身体有害，如胡椒、辣椒、味精等，会刺激狗狗的胃肠道，致使其食欲不振。而且剩饭、剩菜的分量每餐不同，时多时少，如果狗狗一顿吃不完，经长时间放置，会滋生各种细菌，即使在饲喂前把剩饭、剩菜再加热，最多也只能杀死细菌，而不能破坏细菌产生的毒素，狗狗一旦吃下带有毒素的食物，就可能引发多种疾病。

🐾 不要用猫粮喂狗

有些主人会用猫粮来喂狗狗，这样做并不正确。因为猫咪和狗狗的身体构造不一样，它们对食物的营养要求也各异，所以猫粮和狗粮的营养成分自然有差别。如果长期拿猫粮喂狗狗，会导致狗狗营养不良。

猫对蛋白质的需求是狗狗的 2 倍，如果狗狗长期吃猫粮，很快就会摄取过量的蛋白质。体内如果长期累积过多蛋白质，狗狗会发胖。另外，过量的蛋白质对生病的狗狗有害，会增加狗狗肝脏的负担；对老年狗狗而言，会破坏其循环系统，对其身体健康也不利。

🐾 远离含防腐剂的食物

　　防腐剂固然能够让食物存储的时间延长，但是对身体绝对是弊大于利。市售的很多食物，都会在包装袋上注明"本产品不含防腐剂"，这样做是为了让消费者放心购买。

　　在狗粮中，防腐剂添加量很少，但是狗狗体内的代谢速度比人类慢，且防腐剂会在肝、肾、脂肪等器官和组织内蓄积，当累积到一定量时会造成组织细胞的损伤，甚至产生病变，诱发癌变。所以，罐头类食品、火腿、香肠、泡面、饮料等含有防腐剂的食物，不能作为主食长期给狗狗吃。大部分人类食品都含有大量脂肪、糖、盐、人工色素和防腐剂，易导致糖尿病、胰腺炎、过度肥胖等情况。所以主人在训练、培养狗狗时，应用专用的零食喂养狗狗，既健康又营养。

🐾 让自己的狗狗远离二手烟

　　狗狗也会吸到二手烟，患上肺癌、鼻癌、咽喉癌等，以及与呼吸系统相关的癌症，这与主人抽烟的坏习惯脱不了关系。最明显的例子是，狗狗也会有烟瘾，当主人抽烟的时候，它们也会凑上来。尼古丁同样会刺激狗狗的大脑，跟抽烟的主人一起生活，狗狗患肺癌的概率比普通狗狗高 10 倍以上。

从小到大，给狗宝贝最好的呵护

狗狗的一生是短暂的，能照顾它们是一件幸运的事情，也是一件烦琐的事情。让我们从小好好呵护它的成长吧，让它每一天都能是健康快乐的。

🐾 新生仔犬的喂养

小狗狗一生出来立刻会吸奶，应让仔犬躺在母犬身边，以便吮乳。如果母犬一胎生仔较多，应将体质较小的弱瘦仔犬（通常是最后生出的仔犬）放到后两对奶头上吮乳，反复数次后，每只仔犬都可以获得足够的营养。

要让新生仔犬吃到足够的初乳，因为初乳中含有丰富的蛋白质和维生素，还有较高含量的镁盐、抗氧化物及酶、激素等，具有缓泻和抗病作用，有利于胎便的排出。初乳的酸度较高，有利于促进仔犬消化道的活动。初乳中的各种营养物质几乎可以被全部吸收，这对增强仔犬体质、产生热量、维持体温极为有利。

值得一提的是，像人体的母乳一样，母犬的初乳中含有母犬的多种抗体（母源抗体），能够使仔犬获得抗病能力。因此，应在仔犬出生后的 0.5 ~ 1 小时内让它吃到初乳。

🐾 幼龄犬的喂养

在狗狗的一生中，幼龄时期是生长发育最快、可塑性最大，也是发病和死亡数最多的阶段。因此，这个阶段的饲养管理要求最高，我们必须了解幼犬的生长发育规律和生理特点，给以科学的饲养，再配合相应的管理和锻炼，加速幼犬的生长和发育，以获得所需品种的优良仔犬。

出生～两个月

刚出生的小狗吃奶粉，长牙后可以断奶，这时就可以开始喂食流质食物了。满月的小狗狗，可以将幼犬饲料连同泡开的宠物奶粉（40毫升）一起煮熟，再加 2 克钙粉给予喂食，一天两次，中间再喂两次宠物奶粉（50毫升）。这属于断奶食谱的一个例子，持续喂食一至两个星期左右，便可酌量加入蛋黄及肝脏类食物。小狗长到两个月后，就可以开始吃狗粮了。

幼龄时期

幼龄时期的狗狗身体增长迅速，因而必须供给充足的营养。一般出生后头 3 个月主要是增长躯体和体重，4～6 个月主要是增加体长，7 个月后主要长体高。因此，应按不同的发育阶段，配制不同的狗粮。断奶后的幼犬，由于生活条件的突然改变，往往显得不安，食欲不振，容易生病，这时所选的饲料要适口性好、易于消化。

喂食方法

3 个月内的幼犬每天至少要喂 4 次。对于食欲差的狗狗可采用先喂次的、后喂好的、少添勤喂的方法。这样可以保持狗狗的食欲旺盛，少添勤喂可使狗狗总有饥饿的感觉，不至于厌食、挑食。对 3 个月以内的幼犬应喂以稀饭、牛奶或豆浆并加入适量切碎的鱼、肉类以及切碎煮熟的青菜。为了降低饲料成本而又不影响幼犬的营养，可将猪、牛肺脏之类的脏器煮熟切碎后，与青菜、玉米面等熟食混匀后喂狗狗，这样既经济，狗狗又爱吃。

喂食次数

4～6月龄的幼犬，食量增大，体重增加很快，每日所需的饲料量也随之增多，每天至少喂3次。6月龄后的犬，每天喂2次即可。喂养新买的幼犬，应该先按照原犬主的食谱喂，逐渐转换食谱。

及时补水

幼犬的饲养中，水是绝对不可少的东西，应该经常放一盆清水在固定的场所，以便幼犬在吃食及运动前后任意饮用。如果狗狗从小能饮足够的清洁水，就可以使它发育正常，胃肠健康。尤其在夏秋季节，天气炎热，体内水分蒸发很快。特别是爱活动的幼犬，如不及时补充体内水分，容易引起组织内缺水，甚至引起脱水而影响狗狗的健康。最好在每次日常运动后让狗狗喝些葡萄糖水（1～2汤匙葡萄糖粉，加入适量的清水）。

补充钙粉和维生素

幼犬的饲料中应补充钙粉和维生素，这对牙齿和骨骼的生长来说都是必需的。尤其是骨架较大的纯种犬，如拳师犬、大丹犬等，幼犬时期更需要钙质。通常1岁以下的幼犬，每日补钙粉的量为每2千克体重约需1茶匙。随着年龄的增长，应该按照比例增加钙粉的剂量。到了1岁后，由于狗狗已进入成熟期，牙齿和骨骼的生长已趋稳定，钙粉的需要量相对减少，其用量为每4.5千克体重每日约需1茶匙。此外，钙粉喂量过多反而有害无益。

喂养狗狗要适量

如果狗狗进食迅速，大口吞咽，说明食欲没有问题；进食后，食盆中剩留饲料，表明喂多了，可能过饱；如果狗狗在空的食盆上继续用舌头舔舐，或用期待的眼光望着主人，说明没有吃饱。

对幼犬不宜喂得过饱，以七八成饱为好。另外，由于幼犬胃肠道尚在发育过程中，更应注意卫生，以防发生胃肠病。

🐾 狗宝宝断奶妙招

①到断奶日期，强行将狗宝宝和狗妈妈分开，减轻狗宝宝对妈妈的依赖。

②根据狗宝宝的发育情况分批断奶，发育好的可先断奶；体格弱小的后断奶，适当延长哺乳时间，促进其生长发育。

③逐渐减少哺乳次数，在断奶前几天将狗宝宝和妈妈分开，隔一段时间后，将它们放在一起，让狗宝宝吃奶，吃完再分开，以后逐日减少吃奶次数，直至完全断奶。

🐾 成年犬的喂养

市面上一般能够买到的狗粮都可以给成年狗狗吃。这个时期的狗狗已经基本发育成熟，不像狗宝宝那样需要特别多的营养素。需要注意的是，狗狗吸收的营养过剩，会产生发胖的趋势，因此，要适当控制其食物的摄取量，不要让它们得了肥胖症。

此外，如果主人想要让成年狗狗吃一些自己亲手做的菜肴，要避免使用调味料，且一定要注意不要使用狗狗不能吃的食材，比如花生、洋葱、面包、章鱼、贝类等，以免引发狗狗身体的不适，严重的话可能会导致狗狗死亡，不可大意。

🐾 老年犬的喂养

　　狗狗老化的速度比人类快得多，一般而言，小型狗 7 岁、大型狗 5 岁就算步入了老龄期。狗狗年纪大了，抵抗力会逐渐下降，身体机能会慢慢变差，同时消化系统逐渐衰退，有鉴于狗狗这些方面的变化，主人应该给狗狗提供易于咀嚼、易消化吸收的食物。

　　同时，由于狗狗体内代谢功能下降，在饮食方面应选择蛋白质含量高的狗粮。要让狗狗多摄取蛋白质、维生素和钙质。老龄狗狗需要少量多餐，并应给狗狗提供足够的饮用水，也要注意控制食物中的盐分。应恢复到出生三个月时的饮食习惯，将易消化、营养价值高的食品先加热后再喂，在喂食中也可用老年狗专用饲料。

　　此外，由于运动量大为减少，有时狗狗甚至完全没有食欲，主人不要勉强喂食。为了防止便秘，应多给老年狗狗提供一些蔬菜、水果。

母犬需要我们特别的关爱

🐾 妊娠期母犬的饲养

妊娠期母犬的营养是很重要的，它对母犬的健康以及保证胎儿的正常发育、母犬乳汁的分泌量等都有决定性的作用。因此怀孕期的母犬应该饲喂营养价值较高的食物，增加狗粮中的蛋白质、热能、钙、磷的含量。

注意增加饲料

怀孕母犬在初期（约35天内），可以按照原来的方法饲养。在35～42天、42～49天、49～60天的时候，饲喂的饲料分别在原来的基础上增加10%、20%、30%，尤其在后期更应该注意添加一些易消化、含蛋白质高以及富含钙、磷、维生素的饲料。

喂养次数

妊娠35～45天时，每天应该喂3次；44～60天，每天喂4次。怀孕母犬营养需求重点在优质蛋白质上，维生素及矿物质也应该适量供应。妊娠50天后，胎儿长大，母犬腹腔膨满时，每次进食量减少，需要多餐少喂。为了防止便秘，可加入适量的蔬菜。不要喂发霉、变质的饲料，以及其他对母犬和胎儿有害的食物。不喂过冷的饲料和水，以免刺激胃肠甚至引起流产。

绿色分泌物

有些母犬在怀孕期间会持续排出绿色分泌物，这是一种由胎盘产生的物质，属于正常现象。怀孕的最后两周这种绿色分泌物的量会减少，在分娩时你会看到很多这种分泌物。

🐾 哺乳期的喂养

对哺乳期母犬的饲喂，不但要满足其本身营养需要，还要保证产奶的需要。在哺乳期，母犬日粮中蛋白质含量和脂肪含量可分别提高到 30% 和 50%，这样才能有效地促进母犬泌乳和幼犬的正常生长。

具体饲养方法是：一般产后几小时不给母犬饲喂，只供给清洁温水喝。在产后 3 天内一般给流食或半流食吃，如牛奶、鱼汤、肉骨汤、豆浆等，然后根据情况逐渐加入大米饭、煮熟的蔬菜叶等，由少逐渐增多。母犬的饲喂量，产后 1 周时比平时增加 0.5 倍，到第 2 周饲喂量约增加 1 倍，到第 3 周时增加到 2～3 倍，以后有所减少。一般每日饲喂 4 次以上。仍坚持定时、定质、定量，并保证清洁饮水供应。不得随意更换饲料，以免引起消化障碍。

注意母犬哺乳情况，如果母犬不给子犬哺乳，要查明是缺奶还是身体有病，及时采取相应措施。产乳量少的母犬可喂食牛奶或猪蹄汤、鱼汤糊、猪肺汤等，以增加泌乳量。

🐾 母犬乳汁不足

如果你的狗妈妈没有足够的乳汁喂养子犬，你可以用下面提供的人工催乳方法予以补救。

食物催乳

添加猪蹄、小鱼、小虾、鸡蛋等，也可以喂煮熟的胎衣，以保证母犬的高营养供给，并提高母犬的泌乳量。

中药饲料添加剂催乳

有些中药可以增强机体对泌乳功能的调节和机体细胞的免疫水平。如黄芪有刺激类肾上腺皮质激素分泌的作用，能够调节乳腺细胞的代谢活动；中药中的铜能增强生产激素、肾上腺皮质激素的合成。可以用党参、当归、黄芪、川芎、白术、通草、益母草、冬葵子等中草药组成饲料添加剂，以 1% 的含量添加到饲料中，在提高母犬泌乳量的同时还能改善乳汁的品质。

种公犬的喂养

种公犬的好坏决定着其后代的优劣。一只体格健壮、毛色优美、精力旺盛的种公犬，其子孙后代也不会太差。因此，需要把种公犬喂养好，只有这样才能完成配种繁殖任务。

种公犬不能喂得过肥或过瘦。平时其饲料应与母犬相似，但其蛋白质的含量要略高于一般的犬。在配种期间应增加蛋白质、维生素含量较高的饲料，如肉类、鸡蛋、牛奶等。配种期间 1 日喂 3 次，要给予充足的饮水。

病犬的喂养

生病的狗狗通常需更高的营养。如发热的病犬，体温每升高 1℃，新陈代谢水平一般要增加 10%，这就意味着体内营养物质的消耗要高于正常犬。又如患传染性疾病的狗狗，其免疫球蛋白的合成及免疫系统的代谢均加强，为了满足这种合成的需要，必须有足够的蛋白质和营养物质的供应。

因此，犬患病期间的营养需要在大多数情况下高于健康犬。但疾病往往会影响到狗狗的生理机能，具体表现为食欲不振或拒食，以及胃肠消化功能降低。所以，食物的成分组成、营养物质的含量、适口性、是否易于消化等，是病犬饲养应十分注意的问题。

🐾 选用动物性蛋白质饲料

为补充蛋白质，最好选用动物性蛋白质饲料，尽量减少食物中粗纤维的含量，补充足量的维生素和无机盐。除注意营养组成和含量外，还应注意食物的口感。一般来说，病犬的食欲均不好，食物稍不适口就会不吃。因此要选择平时犬最喜欢吃的食物，定量地喂给，尽可能地提高其食欲和增加进食量。要针对不同病症给予对症食疗。

🐾 给予流质或半流质食物

有些疾病（尤其是伴有体温升高的疾病）会引起唾液分泌减少或者停止，导致口腔干燥，给食物的咀嚼和下咽造成困难，应给予流质或半流质食物，同时提供充足的饮水。患有胃肠道疾病，尤其是伴有呕吐和下痢的疾病，会有大量的水分随排泄物一起排出，如果不及时补充，容易导致机体脱水。因而，对这类病犬要补充足够的水分，如大剂量静脉输液或令其自然饮水；给予刺激性小、易消化的食物，要做到少喂多餐；减少食物中的粗纤维、乳糖、植物蛋白和动物结缔组织（如韧带、筋等）；增加煮熟的蛋、瘦肉等易消化、营养价值高的食物。对呕吐和下痢的病犬，食物中要补充 B 族维生素。

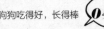

可以给狗狗喂营养品吗

　　一般而言，只要每天给狗喂狗粮，所摄取的营养是全面且均衡的，就可以满足狗的营养需求，并不需要额外补充营养品。

　　但对于偏食、生病、劳累的狗，及时补充维生素、矿物质、添加剂是有必要的。要注意掌握正确饲喂营养品的原则，做到缺什么补什么。此外，幼犬和老年犬也是比较需要补充营养品的群体，幼犬适当补充营养品，可以为今后的强壮身体打好基础，增强免疫力；老龄犬体内钙质流失严重，内脏机能退化，需要添加营养品以辅助消化、补充钙质和延长寿命。

　　由于体型大小、饮食习惯和机体代谢存在很大的差异，个体对各种营养素的需求量也完全不同。建议狗主人在医生或营养师的指导下挑选营养品，同时注意营养品的外包装、生产厂商、品名及批号、生产日期和有效期。

　　营养品应该在恒温下保存，如果发现胀袋、罐头鼓起、外表颜色异常或打开有熏味等情况应当及时丢弃。

适当给狗狗一些零食

大部分狗狗只有在吃了自身所需食量的数倍之后，才会觉得"好饱啊"，然后停止进食。面对食物，狗狗总会流露出一副可怜兮兮的模样。这时候，于心不忍的主人可以考虑给狗宝贝一些适量的零食。接下来让我们一起看看如何给狗宝贝零食。

适合宠物狗狗摄取的零食分量应为每日所需食量的 20%

主人在给狗狗喂零食的时候要留心食品包装袋上的热量标注，算算这一天喂给狗狗多少零食合适。由于零食一般消除了水分，所以主人在喂给狗狗零食的时候，不要因为狗狗可爱的表情而多喂了。

🐾 提前定好零食的分量

计算好热量后，主人可以将零食提前放在固定的地方，可以试着放一个星期的零食量，分成等份放好。这样家里的每个成员也不会喂重复。每天的零食喂完了，就不要再多喂了。

🐾 遵循少食多次的原则

与狗宝宝们一起生活，就会发现比起零食的分量，它们更执着于提供零食的次数。分多次提供给狗宝宝们，将会使它们和作为主人的各位相处得更加愉快。同时，有利于狗狗保持健康。

综上所述，适当分量的零食会为宠物狗狗带来良好的食欲和健康，也会给宠物主人带来愉悦。所以主人最好在推荐热量的基础上，考虑宠物狗狗的活动规律和代谢量等因素后，再为它们决定喂食量。

狗狗的零食一般有各种不同形状的谷物骨头饼干、肉味软条等。

🐾 利用食物训练狗狗

主人可以在手上放一块食物，蹲或站在狗狗面前，将食物放到狗狗的鼻子前面，让狗狗能够闻到食物的香味。然后一手轻放在狗狗的屁股上，准备好后说："乖，坐下！"并同时将放在狗狗屁股上的手往下压，再将食物微微往狗狗前方移动，让它有抬头的姿势，狗狗会自然而然地顺势坐下。待狗狗坐下之后，主人应该给狗狗一声奖励或者轻轻抚摸它的身体，同时将零食喂给狗狗吃。

影响狗狗食欲的原因有哪些

狗狗的食欲也有好与不好的差别，这和人类非常相似，不是看到食物一定就会吃。只要主人肯花时间观察自己的宠物，就会发现，狗狗日常的食欲主要会受到以下因素的影响：

😺 食物不合狗狗胃口

食物本身会影响狗狗的食欲，如果让狗狗长时间吃同一种食物，狗狗会因此感到厌倦。因此，最好每天给狗狗设计不同的菜单，新鲜多变的口味除了可以增进狗狗的食欲之外，也能让狗狗摄取更全面且多样化的营养。

狗狗的嗅觉十分敏锐，因此对于过期、变质或者出现异味的食物特别敏感，会表现为不愿意吃饭。食物中含有狗狗不喜欢的调味料，例如辣椒、盐等，也会让狗狗不想吃饭。

😺 身体不舒服

狗狗在生病的时候，生理、心理状况都不好，这时就没有心思吃东西。所以，也可以通过吃东西的热情及动作来判断狗狗是否健康。

参加犬展的展犬、警犬、导盲犬等狗狗面临压力时，也可能食欲不好。这时主人可以为它们增加平时喜欢的食物，以提高 10% ~ 20% 的脂肪和蛋白质的摄取量。

🐾 活动量大小的影响

活动量会很大程度地影响狗狗对食物的摄取量。每天都可以出去散步或是在家也经常活泼运动的狗狗，与几乎只被关在家里而且不爱动的狗狗相比，会消耗 10% ~ 40% 的额外体能，基本的代谢量也会随之增加。

与其他动物伙伴在一起时，狗狗的活动量也会增加。它们一起嬉戏、玩耍的过程，最终会增加它们的活动量。这个时候，最好为它们增加 10% 左右的摄取热量。

🐾 环境之间的差异

狗狗所需的热量也会随着它所处环境的变化而改变，所需热量主要会因周围气温、湿度以及居住环境等因素的改变而发生变化。如果狗狗在户外居住，那么，一般夏天所需的热量会减少，而冬天则会因维持体温所消耗的热量而增加 10% ~ 20%。季节的变化会很大程度地影响在户外居住的狗狗们，对住在室内的狗狗的影响则不是十分明显。因此，夏天稍微减少饭量，冬天稍微增加饭量就可以了。

🐾 毛质为健康准则

食物对狗狗的健康影响极大，观察狗狗毛色是判断狗狗是否健康的直接方法之一。狗毛若失去光泽，变得粗涩干燥时，就表示狗狗身体状况不佳，有必要针对食物内容加以调整。

比如说，钙质不足往往是因为偏食肉类造成的，会对骨骼发育造成妨碍。所以，要防止类似的营养障碍发生，可在每日食谱中加入牛奶、干酪等钙质含量丰富的食物。当然，钙质摄取过多时会排出体外，也没有必要喂食过量。

帮狗狗养成良好的饮食习惯

🐾 给狗狗创造安心用餐的环境

首先，适当减少狗狗对于食物的执着很重要。如果狗狗对食物有异常的执着，可能因为在一天当中的乐趣只有"吃饭"而已。如果是这样，只要再增加让它觉得很期待的活动即可。

狗狗主人可以适当加长陪它散步的时间，陪他一起玩耍，增加愉快训练的时间，努力提升狗狗的情绪。

其次是给狗狗独立的吃饭空间。到了吃饭的时间，把狗狗带到它吃饭的地方，放好食物，然后主人离开房间，让狗狗安心吃饭，不要轻易去打扰它，让它分心。如果主人打扰它的话，可能会影响狗狗的情绪。

另外，为了不让这种问题发生，可以从幼犬时期就开始培养。

🐾 减少狗狗剩食现象

当发现狗狗碗中的食物有剩余时，就要思考原因，一般可能有两种情形：一种是主人一次放了太多食物，狗狗吃不完；另一种是狗狗不知饥饿的滋味，会挑食。

如果是第一种情况，狗主人要及时调整喂食的分量。但如果狗狗出现了偏食现

象，狗主人就要想办法纠正它的这种不良行为。最好的办法就是将吃剩下的食物分成少份喂食，若还是不吃，10分钟后就直接把碗收起来，让它喝清水就好。必须等到下一次用餐时间再把碗与食物放回，让狗狗知道养成固定时间用餐是必要的。虽然说要注意狗狗的饮食均衡，但狗狗偏食的习惯不改，就没办法达成均衡的目的。所以，为了狗狗好，主人还是要果断一点才好。

🐾 拒绝狗狗乞食

有许多狗在吃饱后依然嘴馋，当家人在餐桌上吃饭时，它就在餐桌下绕着桌脚要东西吃，有时甚至还趴到桌面上来。狗狗"乞食"是许多主人心疼又不舍的困扰，到底该怎么改善这个状况呢？建议主人可以从以下三点做起：

表情严肃、语气坚定地拒绝
主人要用严肃的表情，搭配摇手的动作说"不"。

绝对不要和狗狗分食
主人要态度坚定，即使是吃不完的食物，也不要给狗狗吃。

狗狗的表现好就要给奖励
如果狗狗放弃等待或下次用餐的时候没有来乞食，主人吃完饭后，要大大地赞美它，并且马上给它点心作为鼓励。

🐾 狗狗进食仪态

让狗狗吃饭姿态优雅并不困难。培养狗狗的吃相，可以从最初的狼吞虎咽地进食过渡到让狗狗慢慢吃，这样反复多次，就可以成功地让狗狗知道怎么吃才斯文。千万不要让狗狗在餐桌下面进食。狗狗在吃饭的时候，可以将食物装在狗狗碗中，让狗狗在安静的一角，慢慢地食用。

如果看到狗狗围着饭桌流口水，就算主人再宠爱它也不能给它吃。遇到这种情况，可以把狗狗从餐桌带离，或者将饭菜放到狗狗看不到的地方。如果狗狗非要吃，可以试着在饭菜中加些"料"，比如少量的辣椒，让狗狗吃一口后就再也不敢碰了。

🐾 有意识地帮狗狗养成良好的进食习惯

定时、定点喂狗狗

给狗喂食时必须注意定时、定点，用固定的食盆喂它，让它知道进食只能在这儿，只有在这个时候才行。如果注意培养它的良好进食习惯，狗就能学会在规定时间里进食，而不再到处觅食，到户外散步时不致拣食吃。如果家里有几只狗狗，它们也不至于抢其他伙伴的食物。

配合口令

为了让狗养成按主人旨意进食的习惯，还应配合"坐下""等一等"等口令，让狗狗能按照口令行动。不过，最重要的一点是，不能让狗认为它的食物与人类的食物完全相同。

纠正狗狗坏习惯

动物大半有"护食现象"，有些狗狗吃饭时不喜欢被人盯着看，尤其是陌生人。每当有人看它吃饭时，它就会皱起鼻头，龇牙咧嘴，喉间发出"嗯～嗯～"的低吟声音。这时候，如果手伸过去拿碗或是摸它，都可能被攻击咬伤。因为它可能是在担心食物被一旁"虎视眈眈"的你抢走。所以，当主人发现狗狗有类似这样的习惯时，应该早日加以纠正。

纠正狗狗时，建议用卷起的报纸，当发现它显示出这种意向，便喝道"不行"，并将卷筒报纸或空瓶在其嘴边挥几下，示意再如此的话就要打下去，让它明白状况。也可以在狗狗吃饭的时候，中途给它比狗食更好的东西（比如鸡胸肉）放入碗中，狗狗就会知道，"主人过来了，要给我更好的食物了"，于是即使当它吃饭的时候，有人靠近它的狗碗，它也不会有那么强烈的排斥情绪了。

拒绝狗狗挑食

当狗狗对主人给的一些东西不喜欢吃的时候，有些主人以为喂的不合它的口味，再给它换几样爱吃的，殊不知这样会养成它只挑爱吃的东西吃的坏习惯。所以狗的挑食其实责任在主人，挑食是狗狗健康状况不佳的原因之一。

训练狗狗拒绝他人食物

狗狗是主人的宝贝，但并不是所有的人都喜欢狗狗，有些人非常讨厌甚至痛恨狗狗，他们会在一些地方放一些有毒的食物给它们吃。还有一些人，完全不能理解狗狗和主人之间的感情，会趁着主人不注意的时候，偷偷用食物引诱狗狗，然后把狗狗抱走。所以，在日常喂养中，让狗狗养成不随便吃陌生人递过来的食物的习惯非常重要。

🐾 选择一块干扰比较小的场地

狗狗都是很馋嘴的，当它们受到美食的诱惑时，往往会控制不住自己的行为，训练狗狗拒绝陌生人提供的食物可以避免狗狗受到一些不必要的伤害。为了保证训练不受干扰，应该选择一块行人比较少、不容易被干扰的场地。

🐾 邀请他人帮忙

主人可以邀请朋友帮忙，邀请的朋友最好是狗狗不认识的。当狗狗要吃的时候，主人要采用向后用力拉紧狗绳的方法制止狗狗上前去吃的行为，并对狗狗发出"NO"的口令，让它知道这样做是主人不允许的。

🐾 准备狗狗不爱吃的食物

如果狗狗还是无法做到拒绝他人的食物，主人还可以采取另一种方法训练狗狗拒食：给狗狗准备看起来好看，但狗狗平时不爱吃的食物，可以是一些苦的、酸的、辛辣的食物。如果狗狗控制不住要去吃的欲望，当它吃了一口很苦或者很酸的食物后，也会立刻把食物吐出来。

🐾 适当奖励狗狗

当狗狗对陌生人的食物不再感兴趣时，主人要马上奖励狗狗。对于狗狗来说，拒绝食物是一项比较困难的训练，需要很长的时间来巩固效果。尤其对于一些食欲反射很强的狗狗，拒食训练往往需要更长的时间，主人也需要花费更大的精力。反复训练多次之后，狗狗就会形成条件反射，对外面地上和陌生人给的食物不再感兴趣了。

Part 2

动动手，为狗宝贝
准备天然美食

养狗的你是不是天天都只给汪星人吃狗粮？虽然说人有很多食物都是不能给狗吃的，但这不能成为让狗天天只吃狗粮的理由，尝试一下给狗狗吃加满爱的天然美食吧。

天然的饭菜，
健康的美食

　　天然的饭菜指的是没有任何添加剂或是人工色素的自然食品，它本身并没有什么特别之处，只是在加工食品泛滥的今天，天然的美食越来越吸引人们的目光了。在有着爱犬风潮的美国、日本等发达国家，尝试给宠物提供天然饭菜的宠物主人的人数，呈现出逐渐增长的趋势。

天然饭菜 VS 狗狗粮

　　人工饲料给人们带来了许多便利，例如喂食的简便性、易于保存的优势、低廉的价格等，在这种情况下，各种狗粮也如火如荼地生产着。市面上狗粮品牌越来越多了，基本上每一种都号称营养均衡。可是一直给狗狗吃简单方便的狗粮真的对狗狗好

吗？常年吃添加了各种添加剂的食物会不会给狗狗的健康带来危害呢？人们对添加剂问题、原材料的安全性等许多问题至今还存有争议。

其实，只要是吃，本来就会有营养不均衡的问题，无论是人或者动物。狗粮同样也有营养不均衡的问题，所以市面上有那么多种狗粮，每个产品的配方与添加物都不一样，口味也不一样。可见，营养均衡这个答案并不是绝对的。更何况狗粮的原料所含的养分不等于成品所含的养分，更不等于狗狗吸收进体内的养分。

狗粮的主要原材料来源于我们日常所见的食物，给狗狗做天然饭菜的时候，狗主人可以选用新鲜的、健康的食品。所以，狗主人在自己能力范围内，多为狗狗准备一些天然美食吧，这也代表着主人对狗狗的爱心。

天然饭菜好处多 ▶

🐾 看得见的食材

再好的饲料，无论什么品牌，打着怎样的广告，宠物主人也很难无条件地信任它们，不知道制造商为了刺激宠物宝宝的食欲而往饲料里面添加了一些什么添加剂。能够亲眼看见食物的原材料，应该是向宠物们提供天然饭菜的最大优势。使用精心挑选的食材烹饪的食物喂养它们，可以使我们更加放心。如果我们用自己食用的应季蔬菜来做宠物狗狗的食品材料的话，那就不用怀疑材料的新鲜度和营养价值了。

🐾 为它们定制独家饮食

人的身体状态每天都有所不同，我们的宠物狗狗也是如此。我们每天吃相似的食物就会烦腻，何不为宠物狗狗想想？酷热的夏天，没有食欲的时候，哺乳期的时候，以及想要减肥的时候，都需要按照当时的情况，喂给它们合适的饮食。如果天天能够精心为宠物狗狗们准备花样各异的美食的话，它们会享受到食物带给它们的乐趣。

🐾 一起分享的欣喜

主人精心做好了各种美食，看着狗宝贝吃得津津有味，心里也很甜蜜吧。甚至当你告诉它，你要给它做饭了，聪明的它一直围在你身边，陪着你一起做美食的时候，你也不会感到枯燥。和狗宝贝一起做美食的同时，自己的内心也是愉悦的。

🐾 宠物狗狗的活动量会加大

食用干型饲料的狗狗需要长达 15 个小时才能完全消化掉饲料。但是，天然饭菜含水量比较多，狗狗食用后，消化时间会缩减一半。狗狗的脏器负担也会随之减少，因而会提升身体状态，加大活动量。时间长了，身体会变得更好。

🐾 患上各种疾病的概率变低

食用天然饭菜与吃狗粮不同，它可以提高宠物的免疫力，使它们得病的概率明显降低，减少狗狗去宠物医院的次数。天然饭菜对宠物狗狗来说是非常自然的饮食，可以使宠物身体更健康，也能更好地培养它们抵抗疾病的能力。

天然饭菜对宠物狗狗和它的主人都有许多益处。我们也不用在选择饲料时费脑筋地计算蛋白质、脂肪、碳水化合物的含量。狗狗主人在喂食狗狗的时候，可以根据狗狗的具体情况适当地为它补充营养素。主人不要因为宠物不吃就认为自己做得不好，而应该选择宠物狗狗爱吃的饭菜，慢慢喂它们。

狗狗爱心厨师的十大戒律

如果你打算亲自为狗宝贝烹制美味的食物，请牢记下面十点注意事项：

1.料理食材前，记得洗干净自己的"神奇之手"。

2.尽可能选用新鲜食材，因为新鲜的食材营养素保留得比较多。

3.保证食物的多样性，狗狗和人一样，总吃一种食物很不开心的。

4.所有的食材都要清洗干净。

5.肉上的肥膘要切去，熟肉上多余的油脂也要去掉，太油腻的食物会加重狗狗消化系统的负担。

6.尽量采用简单的烹饪方式，不要担心味道不够，简简单单的食物一样有滋味。

7.畜肉类、禽肉和鸡蛋等食材一定要弄熟，谨防生肉中藏有的有害细菌和寄生虫。

8.给狗狗喝的水要保持干净，而且每天要更换。

9.每天定时给狗狗喂食，避免狗狗暴饮暴食现象发生。

10.吃剩的食物可以装在密封的容器内，然后放进冰箱。在冷藏室能保存三四天，冷冻室则能保存更久。

怎么判断狗狗是不是标准体重

标准体重的狗狗体脂率应该在 16% ~ 25%。从正上侧观察，体型很好，可以看到显著的腰身；从侧面观察，下腹线显著上提；从后面观察，肌肉线条清晰，轮廓流畅。肋骨轻微突出，容易触到，少有脂肪；尾骨轻轻突出，尾部少有脂肪。体脂率超过 45% 的狗狗会伴有严重的健康问题，表现为食欲亢进、疲劳不耐热、爱睡觉不爱运动等。

🐾 如何帮助狗狗减肥

狗狗减肥和人减肥的道理是一样的，一定要遵循循序渐进的原则，制定科学合理的减肥计划。如果为了给它减肥而让它们吃快速节食餐，这样，很可能会导致它们的肌肉减少，却减不掉多余的脂肪。如果狗狗真要吃减肥餐，我们得和兽医一起商量，为它们制定合理的饮食计划。可使用市售的低热量减肥食品，作为处方食品来喂食，慢慢减少每日摄入的热量。还应该定期测量体重，确认其效果。

同时，还必须要做适度的运动。在理想的情况下，超出标准体重 30% 的狗狗，需要 6 个月左右的时间才能减到标准体重。

从饲料转换到天然饭菜

从饲料转换到天然饭菜的过程是一个循序渐进的过程，重点是调整饲料与天然饭菜的百分比。为了不让狗狗的肠胃有压力，我们可以以一个月为标准进行转换，如果这对狗狗来说比较困难的话，也可以适当延长转换时间。

🐾 注重食材的搭配

狗狗所需的营养素中，动物性蛋白质占很大比重。因此在狗狗的日常食谱中，肉类仍占据最大比重，一般提倡的基本的搭配比例是：

肉类 : 碳水化合物 : 蔬菜 =6 : 2 : 2。

天然饭菜在食材的选择上是十分自由的，因此，刚开始采用的时候，狗狗主人可能会有些茫然。这时候，可以先搭配好基础性的营养成分，过一段时间后，大家就会发现为狗狗挑选食材是一件很容易的事情了。

🐾 第一周：适当煮些肉给宠物狗狗

首先，在宠物狗狗的饲料上，适当煮些肉给宠物狗狗当零食食用。过了两三天之后，用一些煮熟的肉类代替少量的饲料。选一些新鲜的肉类，然后减少 10% ~ 20% 的饲料。

🐾 第二周：试着添加蔬菜

当狗狗已经习惯了每天吃肉和饲料时，就可以在它的饭菜中添加蔬菜了。由于许多宠物狗狗不大喜欢吃蔬菜，所以提供时需要切细并均匀地拌在饭菜中，可以烹煮蔬菜或是以新鲜蔬菜的状态提供。

最初，最好先从胡萝卜或是南瓜等口感较好且营养素比较多的蔬菜开始尝试。最好从单一蔬菜开始添加，让宠物狗狗逐步喜欢上各种味道的蔬菜。刚开始添加时，尽量不要总是改变蔬菜的种类。

🐾 第三周：逐步减少饲料分量

可以试着再减少饲料分量了，可以减少饲料分量30%~40%，然后添加肉类，并将蔬菜从原来的一种增加到两三种。这时候可以选择像西蓝花、莴笋等没有什么气味的蔬菜。

🐾 第四周：食物以天然饭菜为主了

从这周开始，狗狗的食物可以以饭菜为主了。如果狗狗食欲不好或者对天然饭菜还有抵触情绪，那么可以在饭菜上撒一点大马哈鱼鱼油、低盐金枪鱼鱼干、白干酪、奶粉等，以增加宠物狗狗的食欲。

狗狗的身体出了状况，对症调整它的营养

狗狗慢慢爱上了天然饭菜，如果宠物狗狗能很好地消化所提供的饭菜，并不露出任何异常现象是最好的。但如果主人发现狗狗的身体状况出现了异常，可以按照狗狗的身体状况稍微调整食谱。

🐾 狗狗毛发缺少光泽

如果宠物狗狗的毛发失去了光泽，变干枯了，主人一定要及时审视一下它的食谱：是不是给它的食物中缺少了蛋白质和维生素等营养素？这时候主人可以适当在它的食谱中多加些新鲜的肉，也可以在食谱中采用有助于新陈代谢的、含有维生素的黄绿色蔬菜，或是添加有益于皮毛健康的、必需脂肪酸含量充足的大马哈鱼和亚麻籽等食材。

🐾 便秘，排便不畅

有时，宠物狗狗会遇到不能顺利排便的情况。虽然有肾脏方面出现问题的可能，但更有可能是狗狗最近患上了便秘。这时，主人要注意增加有益于排便活动的海藻类和蔬菜的比重，增加一些利于通便的水果，也可以在饭菜中增加纤维质含量比较丰富的黄色蔬菜（胡萝卜、南瓜、红薯等）。

🐾 拉肚子或没有食欲

身体状况不佳的时候，宠物也不想进食，这时候主人的心总被它们牵绊着。如果它持续好几顿都不吃饭，就需要带它去宠物医院。如果只是一两顿不进食的话，可以先察看状态，然后再搭配食谱。狗狗状态不好的时候，可以在它的饭菜中添加一些柔软的食材，把食材煮得稍微软一些，在食谱中添加白米饭会比杂粮饭要好一些。

🐾 宠物狗狗吃天然饭菜后拉肚子是怎么回事

刚开始采用天然饭菜时，有些宠物狗狗可能会因为不能适应而出现腹泻的症状，对此，宠物的主人也不用过于担心。如果狗狗活动量正常，除了腹泻以外没有出现其他症状的话，这反而是肠道内细菌平衡越来越好的表现。拉肚子一般是因为身体接触了不同于以往的水分、蛋白质、碳水化合物而呈现出的一种混乱现象。虽然需要确认细菌感染的可能性，但一般情况下一旦宠物狗狗肠道内的细菌恢复正常，粪便也会恢复到正常的状态。

🐾 狗狗饭量变大，长得过快

漂亮的小贵宾越来越像一个球了，它最近太能吃了，怎么办？这时候主人要格外留心它的食谱了，让它减少脂肪的摄取，并减少热量的摄取。在饭菜中，要减少肉类所占的比例，增添蔬菜的摄取量，使狗狗有饱腹感。

🐾 狗狗太瘦了

如果腰骨和肋骨之间可以触摸到骨瘦如柴的肋骨，则表示过瘦。一般有如下几种情况会造成狗狗过瘦。

各种疾病症状

因各种疾病、食欲不振或出现顽固的恶心，或是口中有发炎症状，导致无法充分摄取具有营养价值的食物，即造成狗狗过瘦。

消化或吸收的毛病

肠胃或肝脏、胰脏等的疾病，导致下痢或便秘现象，分解食物的消化酵素异常，营养素无法吸收等，都是造成狗狗过瘦的原因。

营养素利用的障碍

即使营养素能充分被吸收，但因肝功能降低时，营养素无法被同化，也会造成过瘦。

如果狗狗过瘦，应该尽早找出原因，如果是因为各种疾病而导致渐渐变瘦，就必须进行疾病的治疗；如果是食物不足，主人要反省自己，是不是最近没有好好照顾自己的狗宝贝。

主人，我想尝尝你给我做的美食

　　前面已经介绍过狗狗不能吃的食材，接下来就要介绍最适合狗狗吃的食材。其实，不管是什么食材，除了要注意狗狗营养的摄取均衡之外，更要注意食材的新鲜度，让狗狗吃得安心又健康。

鸡胸肉

当狗狗胃肠等消化器官比较虚弱时，食用高蛋白低热量的鸡胸肉是最适合的。鸡胸肉不含多余的脂肪，是补充动物性蛋白质不可缺少的食材。

胡萝卜

胡萝卜可以预防狗狗血管疾病、糖尿病、肥胖等因生活习惯引起的病症，还能保护狗狗的视力。

猪瘦肉

瘦肉的脂肪含量少，并且含有大量能促进消化机能恢复正常的维生素B_1，虽然狗狗的必需摄取量很少，但如果摄取不足，可能会引起一些皮肤方面的问题。

土豆

土豆包括了维生素B_6、维生素C、β-胡萝卜素和锰等多元营养素，可以切片或脱水加工做成狗狗咀嚼的零食。

西蓝花

西蓝花除了含有β-胡萝卜素、维生素B₁、维生素B₂、维生素C之外，还含有铁及膳食纤维。但吃太多会导致甲状腺肿大，建议可以搭配海藻一起喂食，以补充矿物质。

鸡蛋

鸡蛋的高蛋白质与核黄素能够有效解决狗狗消化不良的问题，但要煮熟，否则狗狗不易吸收。

卷心菜

卷心菜可强化胃肠，富含钙质、酵素、维生素、膳食纤维等。卷心菜吃太多会导致甲状腺肿大，此时可通过海藻、营养补助食品来补充矿物质。

香菇

干香菇比鲜香菇的营养价值更高，含有可让骨骼强壮的维生素D及预防贫血的维生素B₁₂。

南瓜

南瓜含有大量纤维和β-胡萝卜素。狗狗的确需要纤维质来帮助消化，但也必须配合适量的运动才行。

燕麦片

以燕麦为原料制成的燕麦片含有多种维生素及矿物质，是植物纤维含量丰富的食材。有便秘困扰的狗狗如果在饮食中加入燕麦片的话，会有不错的改善效果。

三文鱼

三文鱼可强化免疫系统，并有效地维持皮肤的健康。可以喂食三文鱼肉或是三文鱼油，但喂食三文鱼肉必须要煮熟才可以。

苹果

苹果含有丰富的膳食纤维，对改善便秘或肠道问题很有帮助，膳食纤维中的果胶对排除体内毒素也很有功效。不过，苹果中含有过多糖分，注意不要过多给狗狗食用。

香蕉

香蕉是一种能迅速补充营养的水果，除含有丰富膳食纤维外，还含有果糖，能促进肠道中有益菌的增加，帮助肠道蠕动。特别推荐给便秘或者容易吃坏肚子的狗狗。

油菜

油菜是维生素含量丰富的蔬菜。狗狗和人一样都必须从食物中摄取维生素。油菜对帮助体内机能活动顺畅也有相当好的效果。

鸡肝

鸡肝富含蛋白质及维生素A、维生素B_1、维生素B_2、维生素B_{12}、维生素C、铁质、铜等多种营养素。现在有些主人谈鸡肝色变，过量食用鸡肝确实会导致缺钙，但不可否认鸡肝的营养价值，只要合理食用就可以了。

黄豆

黄豆不仅含有蛋白质，同时还含有丰富的矿物质和膳食纤维，以及脂肪酸，对改善狗狗掉毛现象很有功效。

芝麻

芝麻分黑芝麻和白芝麻两种。芝麻含有许多膳食纤维、铁及丰富的B族维生素。白芝麻比黑芝麻更容易消化吸收。

梨

梨富含维生素A、烟酸、叶酸、镁、铁、磷等17种维生素和11种矿物质，有助于皮毛健康和对贫血的预防和治疗。很多情况下，它也被使用在饲料中。

牛肉

牛肉十分美味，是富含必需脂肪酸的高蛋白食材。牛肉的脂肪含量相对较高，所以应当选择油脂较少的部位。

米

米除了含有糖分外，还含有维生素、矿物质和膳食纤维。对于原本属于肉食性动物的狗狗来说，因为米是低过敏性食物，所以推荐食用。

🐾 天然饭菜要按照狗狗所需营养来准备

狗狗吃我们为它准备的饭菜时，我们不能说幼犬只吃小粒的食物，成犬要吃大颗的食物。幼犬需要更多的营养，所以会食用体重比例更大一些的食物。也就是说，我们只要按照每只狗狗的所需营养来准备就好了。

营养朵菇粥

🐾 **维生素**

🐾 **矿物质**

香菇富含维生素 D 及钙、铁与锌等矿物质，狗狗食用后可促进其骨骼发育；香菇还含有大量维生素 C，可杀灭狗狗口中的有害菌，保护狗狗的牙齿。胡萝卜富含维生素 A 及植物纤维，狗狗食用后可提高免疫力，改善视力；胡萝卜吸水性强，可增强狗狗的肠道蠕动。

🐾 **特点**

1. 抗病能力
2. 清脆爽口
3. 含多醣体
4. 香甜好吃

准备食材

白米饭 40克

鲜香菇 10克

金针菇 10克

秀珍菇 10克

胡萝卜 10克

做法

1. 鲜香菇洗净，切去蒂头，再切成丁状。

2. 金针菇和秀珍菇分别洗净，切去根部，再切成小段。

3. 胡萝卜洗净，去皮，切丁。

4. 锅中放入白米饭和水煮滚后，加入切好的所有食材，煮熟即可。

猪肝瘦肉泥

🐾 **蛋白质**

🐾 **维生素**

　　猪肝中含有丰富的蛋白质、脂肪、维生素 A、维生素 D、磷及碳水化合物，从营养方面来看，猪肝是对狗狗身体非常有利的一种食物，而且还带有独特的腥味，这也更容易刺激狗狗的食欲。

🐾 **特点**

1. 富含营养　　3. 预防贫血
2. 刺激食欲　　4. 保护视力

准备食材 ᵔ〰

猪肝..............45克
猪瘦肉..........60克

做法 〰

1. 洗好的猪瘦肉剁成肉末；处理干净的猪肝剁碎，待用。

2. 取一个干净的蒸碗，注入少许清水，倒入猪肝、瘦肉。

3. 将蒸碗放入烧开的蒸锅中，用中火蒸约15分钟至其熟透。

4. 取出蒸碗，搅拌几下，使肉粒松散即可。

西蓝花薯泥

🐾 **蛋白质**

🐾 **矿物质**

　　土豆含优质淀粉，煮熟后绵密好入口，不仅好吸收，还能增强狗狗的体质；西蓝花热量低、营养高，能促进肝脏排毒，增强狗狗的抗病能力；大白菜含水量高，可以帮助狗狗补充水分。

🐾 **特点**

1. 高蛋白质　　3. 养胃生津

2. 增强体质　　4. 优质淀粉

准备食材 ↷

猪肉.............. 10 克

西蓝花 ....30 克

大白菜 .... 15 克

土豆.............50 克

食用油 ....适量

做法 ↷

1. 猪肉洗净，剁成碎末状。

2. 西蓝花洗净，放入滚水中烫熟，再切碎。

3. 大白菜洗净，切成小细丁状。

4. 土豆洗净，放入电饭锅中蒸熟，去皮，再压成泥。

5. 锅中加少许油烧热后，放入猪肉末炒熟，再加入大白菜末、土豆泥、碎西蓝花，炒均匀即可。

洋菇牛肉饭

🐾 **蛋白质**

🐾 **矿物质**

　　牛肉含有丰富的蛋白质、氨基酸，狗狗食用后能增强免疫力，为身体储存能量；口蘑中含有多种抗病毒成分，这些成分对辅助治疗由病毒引起的犬类疾病有很好的效果；胡萝卜含维生素 A 与 β- 胡萝卜素，可加强狗狗眼睛的辨色能力。

🐾 **特点**

1. 营养丰富
2. 增强体质
3. 整肠健胃
4. 帮助消化

准备食材

水发大米.......80 克

牛肉............65 克

胡萝卜..........45 克

口蘑.............30 克

食用油..........适量

做法

1. 口蘑、胡萝卜、牛肉分别洗净切成粒，待用。

2. 热锅注油烧热，倒入牛肉，炒匀，倒入大米，
   快速翻炒成半透明状；加入口蘑、胡萝卜，炒
   匀，盛入砂锅内。

3. 砂锅置于灶上，注入适量的清水，大火煮沸，
   转小火焖 20 分钟至熟透。

4. 将焖好的饭盛出，装入碗中即可。

南瓜煎芝士

🐾 **蛋白质**

🐾 **维生素**

　　南瓜含丰富的维生素 E，能促进狗狗脑下垂体激素的正常分泌，使狗狗的生长发育维持在正常的健康状态，还可以增强狗狗的免疫力。土豆含优质淀粉，煮熟后绵密好入口，不仅好吸收，能增强体质，还对狗狗的智力发育有相当大的帮助。

🐾 **特点**

1. 自然甜味　　3. 钙质丰富

2. 口感绵密　　4. 香醇浓郁

准备食材 ⌒

南瓜............20 克
土豆............15 克
芝士.............1 片
蛋黄.............1 个
面粉............15 克
食用油...........适量

做法 ⌒

1. 南瓜和土豆洗净，放入电饭锅中蒸熟，去皮，压成泥。

2. 芝士切碎末；蛋黄打散，备用。

3. 将所有处理好的食材倒入大碗中混合均匀，再加入面粉搅拌均匀。

4. 锅中放少许油烧热，把面糊做成约 7 厘米的圆饼状，煎熟即可。

肉泥萝卜饼

🐾 **维生素**

🐾 **蛋白质**

　　猪肉含丰富的蛋白质，也是狗狗最喜爱的肉类之一。水梨水分丰富，虽甜，但其热量与脂肪含量都低，对于容易厌食、消化不良的狗狗有辅助治疗的效果，还能促进血液循环。胡萝卜能促进骨骼、脑部发育，提高新陈代谢，增强免疫力，促进狗狗牙床的健康发育，并能明目养眼，促进狗狗良好视力的形成。

🐾 **特点**

1. 营养丰富　　3. 止咳化痰

2. 保护视力　　4. 清甜多汁

准备食材

猪肉.............20 克

胡萝卜.........10 克

白萝卜.........10 克

水梨.............10 克

面粉.............50 克

食用油...........适量

做法

1. 猪肉洗净，剁成泥状。

2. 胡萝卜、白萝卜洗净，去皮，切成碎末状。

3. 水梨洗净，去皮和核，磨成泥状。

4. 将所有处理好的食材倒入大碗中混合均匀，再加入面粉和水搅拌均匀。

5. 锅中放少许油烧热，用汤匙舀入面糊，整成小圆饼状，煎熟即可。

什锦稀饭

🐾 维生素

🐾 矿物质

　　西红柿含有丰富的营养，又有多种功用，被称为"神奇的菜中之果"。西红柿内的苹果酸和柠檬酸等有机酸，还有增加胃液酸度、帮助消化的作用，可以调整狗狗的胃肠功能。土豆块茎中含有丰富的膳食纤维，具有饱腹感，狗狗吃了不容易饿，对狗狗的便秘症状也有很好的改善作用。

🐾 **特点**

1. 抵抗衰老　　　3. 有饱腹感

2. 酸甜开胃　　　4. 可换牛肉

准备食材

白米饭 50克

茄子 20克

西红柿 50克

土豆..............10克

猪肉................,5克

食用油 ....适量

做法

1. 茄子和猪肉洗净；切碎末。

2. 西红柿洗净，去皮，切丁。

3. 土豆放入电饭锅中蒸熟后，去皮，压成泥。

4. 锅中放少许油烧热，加入所有处理好的食材炒
   香，再加入白米饭和水煮滚即可。

海带蔬菜饭

🐾 维生素

🐾 矿物质

　　甜椒含丰富的维生素 C，具有促进新陈代谢的作用，有助于体弱的狗狗。且甜椒属碱性食品，与肉类等酸性食品搭配食用最佳。用海带熬煮的高汤，味道清淡好入口，煮过的海带也可以切细碎后放入狗食中，很适合用来制作狗狗的食物。用海带熬煮高汤时，不用熬煮太久，只要煮到汤汁有颜色即可。

🐾 **特点**

1.水分充足　　3.营养丰富

2.补充维生素 A　　4.新陈代谢

准备食材 ↷

白米饭 ....50 克

白萝卜 ....20 克

胡萝卜 .... 10 克

海带.............5 克

甜椒...............5 克

海带高汤.....45 毫升

食用油 .... 适量

做法 ↷

1. 白萝卜、胡萝卜洗净，去皮，切小丁。

2. 海带洗净，用水泡开后，放入滚水中熬煮成高汤，再取出海带，切成碎末。

3. 甜椒洗净，去籽，切成小丁。

4. 锅中放少许油烧热，加入所有处理好的食材炒至熟软；再加入白米饭和高汤煮滚即可。

饺子

🐾 **蛋白质**

🐾 **维生素**

　　饺子是很多人喜欢的一道美食，全家人聚在一起，分享美味的饺子，享受温馨的气氛。这时，是不是会发现狗宝贝眼巴巴地盯着我们的餐桌呢？主人不用太心疼了，给它准备几个营养丰富的饺子吧，荤素搭配，营养均衡，让狗狗一同体会新春的快乐吧！

🐾 **特点**

1. 共同分享　　3. 形状漂亮

2. 营养丰富　　4. 口感筋道

准备食材

瘦肉.............100克

黄瓜.............30克

红色彩椒........20克

豆腐.............半块

水发香菇........少许

鱼肉.............50克

鸡蛋.............少许

饺子皮.........适量

食用油...........适量

做法

1. 将黄瓜和红色彩椒洗净后切细，切碎。

2. 豆腐除去水分后，切碎；瘦肉、香菇、鱼肉洗净后分别切碎。

3. 锅中注油，大火烧热后倒入鸡蛋液，把煎好的鸡蛋捞起，放凉。

4. 切碎的瘦肉、豆腐、香菇、鱼肉、黄瓜、彩椒放在一起，搅匀，做饺子馅儿。

5. 将馅儿放入饺子皮里，捏成饺子的形状。

6. 锅中注水，水开始沸腾后，就添加饺子，煮熟后捞起来。

香菇鸭肉饭团

🐾 **蛋白质**

🐾 **维生素**

　　鸭脯肉的营养价值很高，蛋白质含量约为15%，而且鸭脯肉所含脂肪只有1.5%，纤维较为松散，肉质鲜嫩。饭团里面含有多种蔬菜，这样蔬菜与肉类混搭的食谱比较适合不喜欢蔬菜的狗宝贝。对此，最好的方法就是将蔬菜切细，避免宝贝偏食；或者用煮过肉的汤汁煮蔬菜，使肉汁的味道渗入到蔬菜之中。

🐾 **特点**

1. 香味浓郁　　3. 保护皮肤

2. 纠正偏食　　4. 营养健康

准备食材 ⌒

鸭脯肉 200克

水发香菇........45克

卷心菜 30克

胡萝卜 30克

白米饭 50克

黑芝麻 ....适量

橄榄油 15毫升

做法 ⌒

1. 将香菇、卷心菜、胡萝卜和鸭脯肉分别洗干净，切碎。

2. 锅中倒入橄榄油，将以上食材倒入锅中翻炒。

3. 将炒过的食材放入碗中，放入芝麻和白米饭，搅匀。

4. 将饭团捏成容易食用的大小即可。

橙香三文鱼

🐾 **不饱和脂肪酸**

🐾 **维生素**

　　三文鱼含有丰富的不饱和脂肪酸，能够保证细胞的正常生理功能，提高脑细胞的活性和提升高密度脂蛋白胆固醇。同时含有丰富的维生素 D，可提高机体对钙、磷等微量元素的吸收，特别对正在生长发育的狗狗很适宜。三文鱼肉搭配蔬菜做的沙拉，营养丰富，口味清凉，尤其适合在炎炎夏日喂给狗狗吃。

🐾 **特点**

1. 脂肪含量低　　3. 增强脑功能

2. 口感清爽　　　4. 利尿功能

准备食材 ⌒

三文鱼肉 100克

西芹............. 55克

西红柿.......... 45克

芒果............. 适量

橙子醋....... 20毫升

橄榄油.......... 5毫升

薄荷叶.......... 少许

做法 ⌒

1. 将三文鱼肉用小火煮熟，切块，摆入盘中。

2. 西芹、西红柿洗净，切丁。

3. 芒果去皮，切丁。

4. 将切好的西红柿、西芹和芒果装入碗中，加入橙子醋、橄榄油，拌匀后放在三文鱼上。

5. 最后在上面点缀上薄荷叶即可食用。

狗狗饼干

🐾 **脂肪**

🐾 **蛋白质**

　　面粉富含蛋白质、碳水化合物、维生素和钙、铁、磷、钾、镁等矿物质，有养心益肾、除热止渴的功效。花生中含有维生素 E 和一定量的锌，能增强记忆力，抗老化，延缓狗狗脑功能衰退。用面粉做的饼干，口感好，除了在日常生活中能给狗狗补充能量外，训练狗狗的时候也可以派上用场。

🐾 **特点**

1. 吸引狗狗　　3. 增强脑功能

2. 补充能量　　4. 利尿功能

准备食材

中筋面粉......100克
水 ....适量
鸡蛋...............1枚

做法

1. 将面粉加入少量水揉搓均匀。

2. 将蛋搅散，与水混合，倒入面粉中混合。将面团搅成粗颗粒状。

3. 将面团揉成紧实的大面团。

4. 揉好的大面团，取一份揉圆，再压扁，依次完成摆入烤盘。

5. 烤箱预热180℃，将面团放入中层，以上、下火烤18分钟。

6. 出炉，放凉后可以给狗宝贝吃。

胡萝卜板栗炖羊肉

🐾 **蛋白质**

🐾 **维生素**

羊肉含有丰富的蛋白质、脂肪，同时还含有维生素 B_1、维生素 B_2 及钙、磷、钾、碘等矿物质，营养十分全面、丰富。推荐给喜欢甜味的狗宝贝吃胡萝卜，胡萝卜含有维生素 A、胡萝卜素，这不仅有益于视力健康，而且长期摄取还能对肠道产生良好的作用。尤其推荐冬季给狗宝贝吃这道菜，暖暖它的胃。

🐾 **特点**

1. 容易消化　　3. 味道鲜美

2. 利于视力　　4. 进补防寒

准备食材

羊肉块 200克

板栗............. 80克

胡萝卜 50克

西红柿 30克

番茄酱 .... 适量

做法

1. 将羊肉切成小丁；用高压锅压15分钟。

2. 将西红柿、胡萝卜、板栗切成小块儿。

3. 锅中倒一点点油，倒入西红柿、胡萝卜、板栗，加入番茄酱，翻炒至上色。

4. 将炒好的蔬菜丁与羊肉汤一起煮，大火煮到开锅，然后转小火慢慢煮。将菜和羊肉都煮得很烂即可。

5. 可以在食用前在羊肉汤中加入狗粮，泡软后一起食用。

西红柿牛腩煲饭

🐾 **维生素**

🐾 **蛋白质**

　　西红柿富含有助于预防癌症的番茄红素、维生素C以及芦丁，也含有大量膳食纤维和钙质，并能帮助脂肪的吸收。牛腩提供高质量的蛋白质，含有多种种类的氨基酸。牛腩的脂肪含量很低，却是低脂的亚油酸的来源，还是潜在的抗氧化剂。

🐾 **特点**

1. 抗衰老　　3. 开胃健脾
2. 帮助消化　　4. 滋补养生

准备食材 ⌒〰

西红柿 2个

牛腩 500克

土豆 50克

米饭 .... 若干

做法 ⌒〰

1. 将牛腩和西红柿切成小块备用。

2. 将牛腩用高压锅压15分钟，炖烂。

3. 将牛腩汤表面的油脂撇出来后，倒入炒锅中加入西红柿、土豆，一起炖。

4. 加入米饭与西红柿、牛腩一起煮。

5. 全部煮烂后放凉即可给狗狗食用。

金枪鱼炒饭

🐾 **蛋白质**

🐾 **矿物质**

　　金枪鱼的营养价值很高，蛋白质含量在 20% 以上，各种矿物质和微量元素丰富，B 族维生素含量较高。大米是提供 B 族维生素的主要来源，性质温和，无副作用。

🐾 **特点**

1. 补充氨基酸　　3. 营养均衡

2. 防止贫血　　　4. 补充能量

准备食材 ∿

金枪鱼 150克

圆白菜 40克

红色彩椒 30克

米饭 150克

做法 ∿

1. 将红色彩椒和圆白菜切成小块。

2. 把金枪鱼放在水里煮一下，除去油脂。

3. 将金枪鱼、红色彩椒和圆包菜放入平底锅内，小炒。

4. 圆白菜蔫了之后，加入米饭再翻炒一下。

5. 盛起，放凉后给狗狗食用。

胡萝卜鸡肉茄丁

🐾 **蛋白质**

🐾 **维生素**

　　鸡胸肉营养丰富，尤其是蛋白质的含量高，脂肪含量较低，对狗狗的生长发育有利。鸡肉也是磷、铁、铜和锌的重要来源。鸡肉的消化率高，很容易被吸收利用，和蔬菜一起搭配，可增强狗狗的食欲。

🐾 **特点**

1. 增强免疫力　　3. 促进智力

2. 强壮身体　　4. 易消化吸收

准备食材

鸡胸肉 250克

胡萝卜 30克

茄子 30克

西红柿 30克

橄榄油 15毫升

做法

1. 将所有食材洗干净，西红柿、茄子去皮，均切成小块。

2. 锅中放入橄榄油，将鸡胸肉、胡萝卜、茄子放入锅中小炒一会儿。

3. 锅中加入少量清水，用中火煮熟，加入西红柿块。

4. 用小火煮熟蔬菜，盛起，放凉后给狗狗食用。

鸡肝面条

🐾 **钙**

🐾 **蛋白质**

　　面条的营养十分丰富，而且它的蛋白质含量是白米的两倍。面条含有许多消化酶，是一种容易消化的食物，而且对狗狗来说是一种新鲜的口味。面条比较长，主人在给狗狗做的时候，最好把它剪成几段。

🐾 **特点**

1. 容易消化　　3. 增强免疫力

2. 碳水化合物　4. 改善贫血

准备食材 〜

面条............ 200克

鸡肝..............30克

青菜..............20克

土豆..............30克

做法 〜

1. 将鸡肝、土豆洗干净，切成小块。

2. 锅中放入适量水，用大火烧开，倒入土豆，在它几乎熟透的时候放入鸡肝，一起稍煮片刻，捞起来。

3. 把面条放入锅中煮熟后捞起，除去水分后放入碗中。

4. 青菜用热水烫熟后捞起。

5. 将土豆、鸡肝、青菜一同放入面条碗中。

狗狗牙疼，该给它吃点什么

通常来说，3～6个月大的狗狗常常会感到牙疼，因为这段时间狗狗的乳齿逐步脱落，而新的恒齿正在向外生长，新旧交替之间狗狗会有强烈的不适感。于是狗狗需要咬东西来刺激旧齿脱落，让新的牙齿顺利长出。所以这时的狗狗会比平时更喜欢咬东西，甚至平时准备的玩具都不足以满足它的需要。

🐾 给狗狗吃小碎冰

在狗狗换牙之际，可给狗狗咬些小碎冰块。冰凉的感觉可让狗狗暂时忘掉长牙的疼痛，而且小小的碎冰含在嘴里，会让狗狗觉得异常有趣，从而转移注意力，以为自己发现了新零食，就不再乱咬其他的东西了。当然，不能让狗狗大量食用小碎冰块，否则会引起腹泻。

🐾 狗咬胶 + 蔬菜棒

因为牙疼，狗狗对于摆在面前的食物常常会表现出短时间的厌恶之情。可是几天不吃饭，又让主人们格外心疼，怎么办？这时不妨给狗狗准备一点狗咬胶、蔬菜棒之类的东西。狗咬胶是由骨胶、肉皮制成的食物，外表够硬，味道好；蔬菜棒外硬内软，形状也能引起狗狗的兴趣，这两种食物食用后都不用担心消化问题。

挑选狗咬胶和蔬菜棒等食物时，尽量选择一些乳白色、具有奶香味的产品。这样可以更好地吸引狗狗的注意力，激发它的食欲。这些狗咬胶类的食物可以充当玩具，狗狗可以一边玩耍一边填饱肚子，主人也不用为它担心了。

Part 3

常见狗狗
日常喂养

人与狗狗会一同度过诸多时光，
双方的感情也在与日俱增。
狗狗是家人的伙伴，是家人的朋友，
主人要多多了解它们，爱护它们，
让它们能健康生活。

贵宾犬的喂养方法

　　"泰迪"其实是贵宾犬一个修剪造型的名称，并不存在这个犬种。贵宾犬分为标准犬、迷你犬、玩具犬三种，它们之间的区别只是在于体型的大小不同。贵宾犬气质独特，造型多变，赢得了许多人的欢心，给人一种漂亮、聪明的印象。

　　贵宾犬是许多人喜爱的狗狗品种，经常可以在街上看到带着贵宾犬遛圈的人。贵宾犬一天吃几顿？每顿吃多少？这是每位主人既关心又担心的问题。喂多了怕它胃不消化，而且容易患上肥胖症；喂少了又怕它饿着，身体缺少营养而不能健康长大。因为不同年龄阶段狗的肠胃、身体情况不一样，所以贵宾犬的饮食情况也不一样。主人应该根据它的年龄、肠胃消化情况来制定适合它的饮食。

适合贵宾犬幼犬的食物

幼犬专用的食品

如狗粮和罐头。

幼犬用的奶粉

有专用的幼犬羊奶粉。

钙

补充天然含量高、像超能钙一类的钙产品，促进幼犬的骨骼和牙齿发育。

蛋黄

蛋黄的优点是不但含有丰富的蛋白质，而且含有易消化吸收的维生素A、各种矿物质。

肉类

牛、猪、鸡肉等虽然是优良食品，但在喂养幼犬的时候，宜选择不含脂肪的部分，因为脂肪容易变质且过于油腻。要喂熟肉，不要喂生肉。

维生素、矿物质

对于体质较差的幼犬，考虑额外补充一些维生素和矿物质，有宠物专用的幼犬金维他。

贵宾犬的阶段喂养方法

🐾 出生后～断奶期

刚出生到断奶这段期间，贵宾是通过哺乳来摄取身体所需营养的。此时，主人不用单独为幼犬准备其他的食物，这个时期一定要加强母犬的营养。这个时候的母犬会喂食小贵宾犬，主人只需要耐心观察即可。当然，必要的时候还要引导母犬给小贵宾犬喂食哦。

🐾 断奶后～6个月

　　贵宾狗狗在出生后 6 周左右就可以断奶。断奶后到 6 个月以内的这段时间中，幼犬的食物构成将决定它终生的饮食习惯。如果打算将来用专用狗粮饲养的话，必须在这段时间里让它适应专用狗粮的口味；如果打算以家庭配餐方式饲养，食物应以动物性蛋白为主，多喂高热量的食物。幼犬至成犬这段成长期非常重要，可以左右小犬的一生，影响到贵宾犬品质的优劣。

🐾 幼年期

　　幼犬在出生 2～3 个月时，由于牙齿和下颚尚未完全发育，应把肉类切成细块儿再喂它，黄油、奶酪等也比较适宜。幼犬的饮食原则应该是少食多餐，每天保证喂食 5 次左右。还应该选择一些柔软、营养丰富的食物来喂养。注意，如果选购的是幼犬狗粮，也一定要先用温水或者是奶粉泡软之后再给幼犬喂食。

　　出生后 6 个月～1 岁以内，大约相当于人的七八岁。这段时间正是贵宾犬成长最旺盛的时期，所需的热量大约相当于成犬的 2 倍，应该多喂食一些动物性蛋白食品，每天定时、定点、定量喂养 3～4 次即可。

🐾 成年期

　　成年后的贵宾犬，主人每天给它喂食 2 次就可以了。一般情况下，小型品种的成年犬，每千克体重需要摄入能量 420 焦，也就是说，体重为 3 千克的成年犬 1 天至少要摄入能量 1260 焦。大中型品种的成年犬，每千克体重需要摄入能量 335 焦，即体重 10 千克的狗，1 天就必须摄入能量 3350 焦。

🐾 老年期

　　等到贵宾犬长到七八岁，已经步入老龄化的时候，喂养原则也应该是少食多餐，而且所选择的食物应该是高营养、容易消化的，此时老年的贵宾犬每天也最好能保持喂食 3 次左右。

哈士奇 / 西伯利亚雪 橇犬的喂养方法

　　哈士奇（西伯利亚雪橇犬）以具备坚韧的毅力而闻名于世，别称二哈、撒手没、拆迁办主任等。属于群居类工作犬，和其他狗狗的群居相比，它们不容易嫉妒，能在短时间内接受新伙伴。在家中依赖主人，外出性情表达狂野。但是遇到突发事件的时候，有时会胆子比较小，惹人怜爱。

　　哈士奇的个性很活泼温顺，几乎不会出现主动攻击人类的现象。温顺友好的小哈，能让你和狗狗在周围的环境中有一定的优势，比较容易被接受。哈士奇的热情是无法比拟的，长期会以超快的速度撞到你的脚上，然后舔你一身的口水。

哈士奇的喂养特点

　　哈士奇的肠胃功能比较独特，对蛋白质和脂肪的要求比较高，所以建议饲喂幼犬粮到 18 个月以后再改喂成犬狗粮。平时可以适当喂食一些鱼类或者牛羊肉类食品，适当补充营养，促进发育。哈士奇对钙的要求也相对较高，每周几次钙片或钙粉对于哈士奇来说是非常必要的。

　　对于狗粮的品牌，由于哈士奇的肠胃功能差异较大，所以最好视狗而定，尽量找一些蛋白质和脂肪含量高的优质狗粮。如果是自制狗粮，可以适当在狗粮里添加一些鸡肉、羊肉、牛肉、猪肉或者海鱼等来补充蛋白质。需要注意的是，不要给哈士奇喂食任何豆类食品，因为它们的消化系统不容易消化豆类。

哈士奇的阶段喂养方法

🐾 幼年期

哈士奇幼犬的喂养主要分为为幼犬补充营养和幼犬的日常饮食两方面。对于哈士奇幼犬来说，适量的钙质是必不可少的。经济条件允许的话，可以购买宠物专用的超能钙鲨鱼软骨粉，每天 3 ~ 5 克。需要注意的是，幼犬在四个月左右开始换牙，这期间一定要停止补钙，不然的话非常容易让幼犬长出双排牙。

从幼犬脱离母犬而独立生活以后，在整个生长发育时期，均需供给充足而丰富的蛋白质、脂肪、碳水化合物、矿物质、维生素，如粮食、瘦肉、牛奶、蛋、蔬菜、鱼肝油、骨粉等，并要做到定时定量。有条件的话可给幼犬一些猪、牛的软骨吃，但不要喂鸡骨头。8 月龄以后，就可根据成年犬的饲料日粮标准饲喂了。

🐾 老龄期

通常室内哈士奇要比大型室外哈士奇寿命长。虽然每只哈士奇不完全一样，但通常把它 2 ~ 7 岁时称为活跃期，而 8 ~ 9 岁以后就已经相当于人的中年了。从那以后起，哈士奇将慢慢失去活力，逐渐出现老年哈士奇的特征。

年龄大的哈士奇比较怕冷，也怕热。因此，天气冷时，不要让它留在露天环境太久，要让它有个温暖、干燥的安乐窝，夏天可让它留在屋外通风的树荫下。大多数老狗由于活动减少会变得又胖又笨。因此要注意控制食量，多喂些含维生素的食物。如果老哈士奇的牙不太好，可以将硬型专用狗粮改为较软的狗粮来喂。

金毛犬的喂养方法

金毛犬起源于 19 世纪的英国苏格兰。金毛犬的独特之处在于它讨人喜欢的性格，是属于匀称、有力、活泼的一个犬种，特征是稳固、身体各部位配合合理，腿既不太长也不笨拙，表情友善，个性热情、机警、自信而且不怕生。金毛犬在犬类智商排行榜上排名第四。对小孩子及婴儿十分友善。

喂养金毛犬的注意事项

- 成长期间注意补钙和补充微量元素，一定要保证水分的充足，喂食要定时定量，不可以喂得过多。金毛犬总是那么"贪婪"，吃多了会让它身体负担加重。

- 同一家庭的几只狗有的可能愿意同盆进食，但你最好还是分盆喂养。

- 一般来说，饲喂幼犬吃饱后，食盆中仍有剩余食物，表明食物过多；相反，犬食后继续用舌舔食盆或望着主人，说明给的食物少了，不够吃。

- 要想让你的金毛尽可能地多陪你的话，就要管好它的牙齿，不要随意给它零食，尤其是软的。那会让它的牙齿过早地坏掉，影响金毛的寿命。

- 饭后要立刻把碗洗干净，免得残渣引来害虫，或是剩下的食物腐败。同时拿开碗，免得金毛犬把饭碗当成玩具。

金毛犬的喂养特点及方法

🐾 金毛犬发育的特点及喂养要求

幼犬发育的不同阶段，其身体各部的生长能力是不平衡的。在出生后的前 3 个月，主要增长躯体及增加体重，从第 4 个月开始至 6 个月，主要增长体长，7 个月以后主要增长体高，这就要根据犬体不同发育阶段所需要营养物质来确定饲喂的饲料种类和数量。从幼犬脱离母犬而进入独立生活以后，在整个生长发育时期，均需供给充足而丰富的蛋白质、脂肪、碳水化合物、矿物质及维生素，如粮食、瘦肉、牛奶、蛋、蔬菜、鱼肝油、骨粉等，并要做到定时定量。

🐾 喂食次数及方法

3 个月以前的幼犬，一天喂 4 次；3 ~ 4 月幼犬，一天喂 3 ~ 4 次；6 ~ 8 月幼犬，一天喂 2 ~ 3 次；8 个月后，一天喂 2 次；成年后，一天喂 1 ~ 2 次。

成长期间注意补钙和微量元素，想毛毛好看的可以吃美毛的东西。2 ~ 3 个月的金毛犬肠胃还不能吃硬的狗粮，要用开水泡了喂，一天 3 次，不吃就把盆拿走，不要老放在地上让狗狗随便吃，这对它的牙不好。喝水尽量喝凉白开，能减少得肠虫病的机会。

巴哥犬 / 八哥 / 哈巴狗的喂养方法

　　巴哥犬，原产于中国，富有魅力而且高雅，14 世纪末被正式命名为"巴哥"，其词意古语为"锤头""小丑"，即狮子鼻子或小猴子的意思。巴哥犬容易有睫毛倒插的毛病，头部皱褶多，也容易泪管阻塞，因而有两条明显的泪痕。巴哥犬是体贴、可爱的小型犬种，不需要运动或经常整理被毛，但需要陪伴。面部皱纹较多，走起路来像拳击手，它以咕噜的呼吸声及像马一样抽鼻子的声音作为沟通的方式。同时，此犬具有爱干净的个性。

巴哥犬的喂养要点

- 巴哥犬是一种较贪食的犬类，因为它永远都不知道饱是什么滋味，所以一定要掌握好供食的量。

- 饲喂巴哥犬的食物，肉类（牛肉、鸡肉、鱼肉）一定要新鲜，鱼要剔去刺，禁止投喂海鲜。在配置食物时，不要放太多的肉，每次不超过 70%。因为过量的肉会使其肠胃负担过重，引起腹泻；尤其是巴哥犬幼犬，由于肠胃发育还不够健全，单纯喂肉引起的消化紊乱有时是致命的。而且由于缺乏维生素和其他微量元素，会诱发其他疾病，甚至畸形。

- 除肉类外，还要喂些蔬菜和煮熟的豆类及不含糖或少糖的饼干等素食。数量可根据犬的体重大小，以 180 ~ 220 克为适度，不可喂食过量，否则就会发胖，失去可爱的形象。

- 巴哥对高温比较敏感，在高温的时候，尤其是盛夏的中午及下午，应该避免外出活动，让它们待在阴凉的地方并配以充足的饮水。让巴哥待在闷热的车内即使是只有半个小时，或者是让它们在炎热的天气做剧烈的户外运动都可能对巴哥造成致命的伤害。

巴哥犬的阶段喂养方法

🐾 刚出生的巴哥犬

刚出生的巴哥犬主要是靠哺乳来获取成长所需的营养。在这个阶段，主人不需要给巴哥幼犬准备其他食物，但一定要保证母犬的饮食健康，在满足母犬的同时也要满足八哥幼犬的需求。当然，在照顾巴哥幼犬的时候，一定要做好防寒保暖以及日常养护。比如说，及时带巴哥犬去注射疫苗、驱虫，等等，这些都是非常重要的。

🐾 幼年期

巴哥犬幼年时期，其饮食的原则应该是少食多餐，因为幼犬的肠胃功能比较脆弱，因此在饮食方面就更应该注意。准备一些容易消化吸收，营养全面丰富的食物很重要。熟鸡蛋是巴哥犬最好的蛋白质来源，牛奶最好买专门的宠物牛奶，否则普通人食用的牛奶很容易造成小狗腹泻、呕吐。

🐾 成年期

成年的巴哥犬身体健康强壮，当然每天也要定时定量地喂养。成年的巴哥犬每天喂养 1 ~ 2 次即可，每次喂养的食量要确保它能吃到 8 分饱，能满足它一天的能量消耗和身体成长需求就可以。除了每天要及时喂养之外，还应该合理地引导巴哥犬做运动。比如说散步、遛弯，当然闲暇时间也可以引导巴哥犬做一些跑步、跳跃运动。

🐾 老年期

巴哥犬进入老年之后，身体就会开始慢慢衰退，逐渐呈现出老态。狗狗的反应会慢慢变迟钝，行走会变慢或者失去平衡。狗狗身体的营养会流失，加速衰老的速度。在照顾老年巴哥犬的时候，饮食方面应该少食多餐，多准备一些钙营养、蛋白质丰富的食物。此外，还要合理地引导狗狗做一些运动，散步、遛弯都可以，对于那些剧烈的跑跳运动就要尽量杜绝。

 # 博美犬的喂养方法

博美犬是一种紧凑、短背、活跃的玩赏犬，是德国狐狸犬的一种，原产自德国。它拥有柔软、浓密的底毛和粗硬的皮毛。尾根位置很高，长有浓密饰毛的尾巴卷放在背上。它具有警惕的性格、聪明的表情、轻快的举止和好奇的天性。体型小巧可爱，适合当伴侣犬，白色和棕色的居多。

博美犬的喂养要点

- 适合博美犬的犬粮是小型犬的幼犬粮。

- 日常管理中，要保证供给博美犬清洁的饮水。可以把干净的饮水装在专用的宠物饮水瓶里，让博美犬自由饮用，这样既能保持饮水的清洁，又能保护博美犬华丽的长毛。

- 自己制作食物时，动物性食品有牛肉、猪肉、鸡胸肉、鸡蛋、牛奶等，含脂肪少、蛋白质高的瘦肉。鸡肝是狗狗喜欢的食物，含有丰富的铁质，但只能酌量给予。

- 喂养博美犬的食物应该以高蛋白、高营养、易消化、易吸收为主。每次喂食不宜太多，让博美犬吃到 7 ~ 8 分饱即可，避免过多的食物加重博美犬的肠胃负担，出现肠胃疾病，危害身体健康。

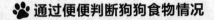

通过便便判断狗狗食物情况

关于博美犬所吃的食物是否达到了合适的量，主人可以通过它粪便的情况来判断：如果粪便成条状，软硬适中，就表示食量刚好，通常呈微黄色；如果软到用专用的狗粪便夹都捡不起来，那就说明博美犬粮食给得太多了；如果粪便太硬，就说明给的粮食不足，还需要再加一些狗粮给它。

博美犬的阶段喂养方法

6 ～ 12 周

断奶后的博美幼犬，主人必须喂专门的幼犬食物，此类食物是用于调节幼犬的生长和发育的。同时要注意不要给小狗喂食蛋白质含量过高的食物。蛋白质含量过高易导致狗的骨骼在生长时出现问题。一般的幼犬是一天喂 4 次。大品种的犬类应该在其 9 ～ 10 周时喂食干型狗粮，小品种的犬类可以在 12 ～ 13 周时开始喂食干型狗粮。

3 ～ 6 个月

在此期间内，由原来的每日 4 次喂养减少到每日 3 次。幼犬的小肚腩会在 12 周左右消失。如果你的博美犬在那时候还是圆滚滚的，那么就需要继续按照幼犬一日 4 次的量来喂养，直到博美犬的小肚腩不见了，逐渐形成成年犬的体型。

6 ～ 12 个月

开始慢慢减少到一天喂食 2 次。如果那时候你的博美犬已经做过绝育手术了，那么它的活动量将暂时性减少。这时候可以试着逐渐用成犬食物来代替幼犬的食物了。

1 岁以后

这时候的博美犬已经成年了，每天喂养一大勺食物就可以了，一天一次。

萨摩耶犬的
喂养方法

萨摩耶犬，别名萨摩耶，是西伯利亚的原住居民萨摩耶族培育出的犬种。它机警、强壮、灵活、美丽、高贵优雅、乖巧可爱，有着引人注目的外表，体格强健，有"微笑天使"的称号，也有"微笑天使面孔，捣蛋魔鬼内心"之称，一岁前调皮、灵动。萨摩耶犬的颜色为白色，部分带有很浅的浅棕色、奶酪色，除此之外的其他颜色都属于失格。世界上曾出现过一只灰白色萨摩，FCI（世界犬业联盟）承认它是具有纯种血统萨摩耶基因的返祖萨摩。黑色萨摩耶犬则极为罕见。

萨摩耶犬的喂养要点

- 不要让萨摩耶犬摄入过量维生素 C 。萨摩耶犬可以靠吃下的肉类食物在体内合成维生素 C，因此没有必要再特意喂它含维生素 C 的新鲜蔬菜和水果。吃得过多还容易引起消化不良，对此应注意。

- 萨摩耶犬总爱啃骨头，但若是为补充钙质需要给它喂食骨头的话，以牛骨、猪骨为好。

- 不要给萨摩耶犬过分坚硬的食物吃，这样对于它的成长没有丝毫的好处。

萨摩耶犬的阶段喂养方法

🐾 断奶期～3 个月

3 个月以内的萨摩耶幼犬刚刚断奶，肠胃比较娇嫩。所以日常喂养上建议以稀饭、豆浆为主，并加入适量切碎的鱼、肉类以及切碎煮熟的青菜。如果想降低饲料成本而又不影响幼犬的营养，可将猪、牛肺脏之类的脏器煮熟切碎，与青菜、玉米面等熟食混匀后喂小狗，这样既经济，萨摩耶幼犬又爱吃，每天应该喂 4 次左右。

🐾 3～6 个月

每天可以喂养 3 次，对于食欲差的 3 个月萨摩耶小狗可采用先喂差的，后喂好的，少添勤喂的方法。通过这样的喂养，小萨摩耶很快就会变得又强壮又可爱了。喂给幼犬的饲料，必须保证优质新鲜，单独配制，现做现喂（购买的商品型狗粮除外），讲究卫生，以防发生胃肠病。

🐾 老年期

年龄大的狗比较怕冷，也怕热。因此，天气冷时，不要让它留在露天环境太久，要让它有个温暖、干燥的安乐窝，夏天让它留在屋外通风的树荫下。大多数老狗由于活动减少会变得又胖又笨，因此要注意控制食量，多喂些含维生素的食物。

京巴犬的喂养方法

京巴犬又称宫廷狮子狗、北京犬，是中国古老的犬种，已有四千年的历史，"护门神麒麟"就是它的化身。京巴犬是一种平衡良好、结构紧凑的狗，前躯重而后躯轻。它个性突出，表现欲强，其形象酷似狮子。它代表的勇气、大胆、自尊更胜于漂亮、优雅或精致。京巴犬气质高贵、聪慧、机灵、勇敢、倔强，性情温顺可爱，对主人极有感情，对陌生人则防范意识强。它的毛色以棕色、浅棕色为主，嘴阔，毛色为黑色、纯白色则不被接受。

京巴犬的阶段喂养方法

🐾 幼年期

京巴犬属于小型犬，在刚出生时主要是通过哺乳来获取身体成长所需要的营养物质。幼犬最好是少吃多餐，不要一次性喂食过多，选择一些容易消化、营养均衡的食物喂食，对刚断奶的幼犬可以用温水浸泡狗粮柔软后再喂食。要注意，对幼犬最好先不要提供其他零食，比如罐头、骨头、狗零食等。幼犬的肠胃消化功能是很弱的，而且食量不大，吃了其他零食容易消化不良，也会慢慢养成挑食习惯。等他长到五六个月的时候再买点磨牙棒或者大圆骨给他磨牙。

🐾 成年期

京巴犬成年后就不需要继续添加过多的狗粮，以后每天保持适量的喂食，成犬每天喂食 1～2 餐。等京巴犬长大后，身强体壮了再额外提供一些零食，狗罐头、狗饼干也可以适量给狗狗吃一些。主人可以提供一些磨牙棒或者咬胶玩具给京巴犬，既能吸引狗狗扑咬，也可以达到清洁牙齿的目的。可以直接用成犬狗粮来喂养，按照狗食谱制作天然美食也是可以的。

🐾 老年期

要提供良好的食物。不但质量要好，蛋白质、脂肪含量要丰富，而且要易于咀嚼，便于消化。食物要柔软或半流食，粗纤维等难于消化的饲料要少喂。老龄京巴犬一般会因为嗅觉减退而食欲不佳，消化力降低。因此，应采取少喂多餐的饲养方式。要提供充足的饮水。

如何避免老年京巴肥胖

京巴肥胖也和人肥胖一样，许多心血管疾病就来了。京巴很容易因为有点好吃的、好玩的就顾不上身体的不舒服了，在我们看来它常常还是很活泼的，可实际上它已经慢慢地病了。

总的说来，对于老年京巴我们一方面要尽量避免给它吃热量高的食物，另一方面在发现它肥胖了以后要有意识地给它减肥，比如带它多运动一下，控制住自己要给它零食的欲望，让它习惯吃清淡的东西。最后提醒一句，给京巴改变饮食习惯要慢慢来，一下子从有滋有味的荤食变成乏味的素食，它肯定是不适应的，所以要慢慢减少京巴饮食中高热量成分的比重。

如果它出现连续不吃饭的情况，可以再稍微增加些它爱吃的东西在狗粮里，如果仍然不吃，那就有必要去医院检查一下了，毕竟老年狗狗的身体是很脆弱的，我们还是要特别注意才好。

阿拉斯加雪橇犬的
喂养方法

　　阿拉斯加雪橇犬结实有力，肌肉发达而且胸很深。当它们站立时，头部竖直，眼神显得警惕、好奇，给人的感觉是充满活力。头部宽阔，耳朵呈三角形，警惕状态时保持竖立。口大，宽度从根部向鼻尖渐收，嘴既不显得长而突出，也不显得粗短。被毛浓密，有足够的长度以保护内层柔软的底毛。阿拉斯加雪橇犬有各种不同的颜色，如灰、黑白、红棕。阿拉斯加雪橇犬忠实，能力强，是优秀的警备犬和工作犬，也是富有感情的家庭犬，并且酷爱户外运动，从少年时期开始逐渐需要很大的运动量。

阿拉斯加雪橇犬的喂养要点

- 阿拉斯加雪橇犬肠胃功能较差，易患肠胃方面疾病，故在喂养时应特别注意，不能吃太油腻的东西，阿拉斯加雪橇犬吃的狗粮或者饭里最好不要有油。

- 阿拉斯加雪橇犬喂食最好以干食为主，尽量不要以汤食为主。

- 由于阿拉斯加雪橇犬肠胃的独特性，切记不可一次喂得太多，并要保证喂食有规律，不要饱一餐饿一餐，因为这样容易造成胃扭转和胃出血，也不利于营养的吸收。

- 随时给阿拉斯加雪橇犬喝适于饮用的冷水，并且要经常换水，平均每千克体重每天消耗水至少 60 毫升，而幼犬、哺乳期雌犬、工作犬或炎热气候下阿拉斯加雪橇犬消耗的水要多些。

阿拉斯加雪橇犬的阶段喂养方法

🐾 哺乳期

一般阿拉斯加雪橇犬母犬产后数小时就给幼犬哺乳了，而刚出生的幼犬虽双眼紧闭，但可凭借嗅觉和触觉寻找乳头。对体弱的幼犬，应该将其放在乳汁丰富的乳头旁。

一般情况下，阿拉斯加雪橇犬都会照顾好自己的宝宝，哺乳的时间、次数母犬都是掌握的，无须人为干预。但是有些乳汁少或者母性差的母犬，主人要注意其喂仔犬的情况。一般每天的喂奶次数应在 5 次以上，低于这个数，阿拉斯加雪橇犬仔犬就面临吃不饱的危险。当阿拉斯加雪橇犬母犬奶水不足的时候，主人可以帮助它，可以有效地降低母犬的负担，要记得用狗宝宝专用狗奶粉冲制。

🐾 幼年期

这个阶段应该为阿拉斯加雪橇犬把好营养关，尽量选择高营养密度配方幼犬粮。理论上阿拉斯加雪橇犬吃最理想的狗粮，应该 100% 吸收，但这样的狗粮是不存在的，所以，我们要做的就是选择质量尽可能好的狗粮。阿拉斯加雪橇犬吃这样的狗粮排出的粪便油亮、不软不硬，而且也不会很臭。

由于阿拉斯加雪橇犬幼犬的肠胃功能尚未完善，所以主人在喂食时必须考虑小狗的消化及吸收程度，尽量遵照"少食多餐"的饲喂原则。具体参照如下：断奶后至3 个月，每天 4～5 次；第 3～6 个月，每天 3 次；第 6 个月至成年，每天 2 次。

🐾 成年期

有人将阿拉斯加雪橇犬成年期分为两个阶段，2～5 岁为成犬 1 阶段，5～8岁为成犬 2 阶段。

阿拉斯加雪橇犬消化道的相对重量、消化能力均比中小型犬低。故而，成年犬的饲料应富含维生素 C、维生素 E、蛋白质、微量元素、不饱和脂肪酸和纤维等。同时，在成犬 2 阶段应适当地增加能量含量，可减少采食量，从而能有效地降低消化不良发生的概率，防止胃膨胀、胃扭转的发生。

🐾 老年期

一般认为，阿拉斯加雪橇犬到 8 岁后就进入了老年阶段，应进行定期的健康检查。饲喂适合犬体型的软质颗粒饲料。

拉布拉多犬的
喂养方法

　　拉布拉多犬据说是 16 世纪搭乘到北美大陆沿岸捕鱼的英国籍北欧渔船，远渡到加拿大拉布拉多半岛上的狗的后代。由于其脾气温和，因此被公认为是适应任何生活方式的宠物犬。为保持自身健康，拉布拉多犬需要较多的训练，喜欢水是它们的习性，因此，应让它们定期游泳。因智商高且易解言语，又反应敏捷，是最适合家庭饲养的犬种之一。受训后可被当作工作犬承担看护小孩、看门、导盲、麻药搜索等各种工作。此外，拉布拉多犬具有较顽皮的个性，需好好教养；在饮食方面，食量较大，要避免过胖，注意其成长期的体重管理。

拉布拉多犬的喂养要点

- 要注意补充钙质。小拉属于中型犬，生长速度较快，对钙质的需求量比较大，所以必须注意补充钙质，补钙的时间最好从小拉 2 个月开始到 6 个月为止，剂量和时间可根据小拉的发育情况而定。

- 适量增加粗纤维食品有助于拉布拉多幼犬的皮毛健康。小拉比较容易掉毛，所以它的皮毛护理十分重要。适当地调整小拉的饮食结构有助于让小拉的皮毛更为健康，比如每周可以在小拉的食物中适量添加一些胡萝卜之类的蔬菜，这些粗纤维食品对小拉非常有利，能使它的毛发柔顺而光泽。

- 每只拉布拉多犬的食具要固定，不要乱用。多犬饲喂时尤其要注意不能串换各犬食盆，以防疾病传播。喂食后要清洗，并定期煮沸消毒。

- 喂食时要注意观察拉布拉多犬的吃食情况，出现剩食或不食，要查明原因，及时采取措施。吃剩的饲料随即拿走，不可长时放置任犬随时采食。

拉布拉多犬的阶段喂养方法

🐾 幼年期

小拉布拉多犬刚出生的时候不用担心它们吃饭的问题，因为拉布拉多犬妈妈会把它们照顾得很好。到了一个半月到两个月，拉布拉多犬妈妈的奶水就不能满足小拉布拉多犬们的胃口了，你会看到小拉布拉多犬老是围着妈妈转，而犬妈妈总是无可奈何地看着它们。这个时候就要适当地给小拉布拉多犬补充一些食物了，用冲开的宠物奶粉把拉布拉多犬狗粮泡软再喂给它。

2 月龄以内的仔犬，每天喂 5 次；3 月龄以内的拉布拉多犬，每天喂 4 次；1 岁以下的拉布拉多犬，每天喂 3 次。狗狗的食料花样可以翻新，但数量要相对稳定。

🐾 成年期

对于成年拉布拉多犬一天吃几顿有两种说法，一种是一天就一次，一种是一天两次，对于两种喂法的好坏说法不一。大多数认为一天两顿比较健康，早、晚各喂 1 次，晚上可稍多喂。因为一天二十四小时只喂拉布拉多犬一顿饭时间间隔太长，这样对拉布拉多犬的健康更不利，一顿正餐加上无数零食肯定不如两顿正餐、少量零食要健康。

🐾 老年期

老年期的拉布拉多犬不宜喂太多的奶制品，因为这个时期的拉布拉多犬身体抵抗力正在逐步下降，新陈代谢降低，活动量减少，各个系统功能逐渐衰退，适应能力也很差。这个时期的拉布拉多更需要补充钙质和矿物质。老年期的拉布拉多因内分泌等原因会造成钙质和微量元素的摄入量减少，流失量增加。饲喂时以蛋白质和脂肪含量丰富，且易于消化吸收的柔软食物或半流质食物为宜。

Part 4

狗狗的营养代谢性疾病

爱犬最近精神状态不好是怎么回事？

难道是生病了吗？需要去宠物医院吗？

不要慌，让我先给它诊断一下，

看看它是不是患上了营养代谢性疾病。

宠物犬的
营养代谢性疾病

　　人们养狗狗往往缺乏一定的专业知识，在宠物犬的饲养和管理上经验不足，容易使它们患上各种疾病，给饲养者的精神和经济上带来不小的损失，营养代谢病是其中的一大类疾病。

　　营养代谢性疾病是营养紊乱疾病和代谢紊乱疾病的总称，营养紊乱是因为动物所需的某些营养物质的量供给不足或缺乏，或因某些营养物质过量，干扰了另一些营养物质的吸收和利用而引起的疾病；代谢紊乱是因体内一个或多个代谢过程异常改变导致内环境紊乱引起的疾病。

宠物犬的营养代谢性疾病分类

　　宠物犬的营养代谢性疾病主要有以下几种：

碳水化合物、脂肪和蛋白质代谢性疾病。

矿物质代谢性疾病。

维生素代谢性疾病。

营养代谢性疾病产生的原因

🐾 营养摄入不足

　　宠物粮食长时间供应不足，或宠物食品营养配比不合理，如维生素、微量元素或蛋白质含量不足，都能引起营养代谢病的发生。在各种应激条件下，如发生疾病、接种疫苗、气温异常等，宠物食欲降低，进食量明显减少，若时间过长，营养摄入不足，也会发生营养代谢性疾病。

🐾 消化吸收不良

　　宠物发生消化道疾病时，不但营养消耗增加，而且消化、吸收、代谢都会出现障碍。胃肠道、肝脏及胰腺等机能障碍，不仅会影响到营养物质的消化、吸收，而且还会影响营养物质在体内的合成、代谢。

🐾 物质代谢失调

　　宠物体内营养物质间的关系是复杂的，除各营养物质的特殊作用外，还可以通过转化、协同等作用来维持营养物间的平衡。

　　转化：比如碳水化合物能转化成脂肪及部分氨基酸，脂肪可以转变为碳水化合物和部分非必需氨基酸，蛋白质能转变为碳水化合物及脂肪。

　　协同：维生素 D 能促进钙、磷、镁的吸收；脂肪是脂溶性维生素的载体；磷过少，则钙难以沉积；缺钴则维生素 B_{12} 不能合成；维生素 E 和硒的协同作用。

🐾 营养消耗增多

在某些特定情况下，宠物对某些营养物质的需求量增多，导致相应营养代谢病的发生。

●特殊生理时期

宠物在生长期、交配期、妊娠期和哺乳期等特殊生理阶段，对蛋白质、钙等的营养需求量明显增加。若在这些阶段不及时增加这些营养素，就会导致相应的营养缺乏症。

●疾病

宠物在患上寄生虫病、慢性传染病、热性疾病等一些疾病时，营养消耗也会大量增加，从而引发营养代谢性疾病。

🐾 器官功能衰退

宠物若年老或疾病，它的器官功能会衰退，从而降低其对营养物质的吸收和利用能力，导致以养分缺乏为主的营养代谢性疾病产生。

🐾 遗传因素

遗传因素导致的营养代谢性疾病在宠物犬中是最常见的，这类病是因为在神经元溶酶体内贮存大量的异常酶底物，从而阻碍它们的功能。一般犬刚出生时是正常的，但在出生后几周或几个月内出现症状，并逐步发展。这通常是致命的，目前尚无特殊疗法。

碳水化合物、脂肪和蛋白质代谢性疾病

蛋白质、脂肪和碳水化合物是构成动物有机体结构、供给能量所必需的三大营养物质，也是动物生长、哺乳的材料来源。这三种营养素的不平衡，多引起狗狗体内的同化和异化过程紊乱，由此造成的病理状态为代谢障碍性疾病。

碳水化合物代谢紊乱

在动物饲料中，碳水化合物是数量最多的营养物质，占饲料的 80% 左右，甚至更多。由于各种原因引起动物体内碳水化合物摄入不足，体内的糖分得不到补充时，可使动物体内的代谢发生一系列的变化，这些变化都是在激素的调节下产生的。

脂肪代谢紊乱

　　脂肪代谢紊乱包括饲喂高脂肪食物或者食物中脂肪供给不足。前者多见于高产带来的生产性疾病，虽然提供充足粮食，并且富含高脂肪和高蛋白质，但是由于泌乳高产，造成碳水化合物和热量相对不足，使食物中的脂肪不能顺利转化给机体供能。肝脏中脂类含量增多，肝脂蛋白合成减少，不能通过脂蛋白将脂肪运走，在肝中积累，而形成"脂肪肝"。

蛋白质代谢紊乱

　　动物在食物缺乏、营养不良时，肌肉组织释放氨基酸的速度加快，释放出的氨基酸转变为丙氨酸和谷氨酰胺，然后进入血液循环，成为糖异生作用的原料或者分解供能。此外，由于种种原因肌肉乳酸过多，可引起肌肉变性、坏死和分解，从而发生肌红蛋白以正铁肌红蛋白的方式进入血液，又从肾脏排出而引起肌红蛋白尿症。

　　狗狗的碳水化合物、脂肪和蛋白质代谢性疾病主要有低血糖症、肥胖症、高脂血症、仔犬痛风症、不耐乳糖症、蛋白质缺乏症、幼犬营养不良等。

哎呀，狗妈妈和狗宝贝患上了低血糖症

低血糖症是指由各种致病因素引起的血糖浓度过低而引发的症候群，多发于幼犬和围产期中的母犬。

🐾 发病原因有哪些

母犬发生低血糖症的主要原因是产仔前后应激反应，或产后大量哺乳，多发于分娩前后1周左右。

幼犬低血糖症是饥饿或因母犬产仔多，奶水少或质量差，仔犬受凉体温低于34.4℃时，体内消化吸收功能停止或败血症等所致。多见于生后1周内的新生仔犬，也可见于3月龄的小型玩赏犬。

🐾 低血糖症状有哪些

母犬低血糖症的主要表现为肌肉痉挛，步态强拘，反射功能亢进，全身呈间歇性或强直性抽搐，体温升高达41～42℃，呼吸和心搏加速。尿酮体检验阳性，严重者尿有酮臭味。这是因为低血糖时，机体动员大量的体内脂肪代谢，使酮体生成增加的结果。分娩过程发生低血糖时容易见到阵缩无力。

幼犬低血糖症初期表现为精神不振，虚弱，不愿活动，步态不稳，嘶叫，心跳缓慢，呼吸窘迫；后期出现抽搐，很快陷入昏迷状态，甚至死亡。

🐾 正确的防治方法

预防上，平时要加强饲养管理，分娩前后注意狗狗的营养供给，可以适量多饲喂些碳水化合物性食物，或在产前20天和哺乳期饲喂幼犬商品粮。

幼犬低血糖症，首先要注意保持体温正常，同时让其多吃母乳或替代性奶制品。如果症状没有缓解，要及时送往宠物医院医治。

狗狗是不是缺乏蛋白质了

狗狗的食物中蛋白质含量过低或消化吸收功能障碍都会引发蛋白质缺乏症。狗狗对蛋白质的需要，按干物质计算，一般要达到21%～23%，泌乳母犬的需要量更高。临床上常见的是一种或多种特定的氨基酸缺乏所致的蛋白质缺乏症。

🐾 狗狗缺乏蛋白质的症状有哪些

最明显的是出现生长缓慢，食欲减退，被毛粗乱，精神迟钝，可视黏膜苍白，消瘦，体质虚弱，乳汁减少等症状。严重者会出现腹水、水肿。

🐾 正确的喂养方式

主要通过病史调查、临床症状和实验室检查做出诊断。提高食物中蛋白质含量，在狗狗日粮中添加蛋类、牛奶和动物肝脏等食品；对一般肉犬和工作犬，日粮配方中植物性蛋白质成分应占12%～15%，动物性蛋白质成分应占6%～8%。

病情严重者要及时咨询宠物医生，进行治疗。由消化吸收功能障碍引起的蛋白质缺乏，还应治疗原发病。

狗狗竟然患上了高脂血症

高脂血症是指血液中脂类含量升高的一种代谢性疾病，临床上常以肝脂肪浸润、血脂升高及血液外观异常为特征，常发于犬。狗狗血液中的脂类主要有 4 类：游离脂肪酸、磷脂、胆固醇和甘油三酯。血脂类和蛋白质结合形成脂蛋白。由于密度不同，脂蛋白也分为 4 类：乳糜微粒（CM，富含外源性甘油三酯）、极低密度脂蛋白（VLDL，富含内源性甘油三酯）、低密度脂蛋白（LDL，富含胆固醇和甘油三酯）和高密度脂蛋白（HDL，富含胆固醇及其酯）。血液中脂类，特别是胆固醇或甘油三酯及脂蛋白浓度升高，即高脂血症。

🐾 高脂血症的原因有哪些

高脂血症的病因一般分原发性和继发性两种。原发性见于自发性高脂蛋白血症、自发性高乳糜微粒血症、自发性脂蛋白酯酶缺乏症和自发性高胆固醇血症。

继发性多由内分泌和代谢性疾病引起，常见于糖尿病、甲状腺机能低下、肾上腺皮质功能亢进、胰腺炎、胆汁阻塞、肝功能降低、肾病综合征等。

另外，饲喂糖皮质激素和醋酸甲地孕酮，或运动不足导致的肥胖也能诱发高脂血症。

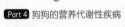

🐾 高脂血症的症状有哪些

患高脂血症的狗狗营养不良，精神沉郁，食欲废绝，虚弱无力，偶见恶心、呕吐、心跳加快、呼吸困难、虚弱无力、站立不稳和瘦弱的症状；血液如奶茶状，血清呈牛奶样。

继发性高脂血症的临床症状主要是原发病的表现。实验室检验，狗狗饥饿 12 小时，肉眼可以看见血清呈乳白色，即为血脂异常。血清甘油三酯大于 2.2 毫摩尔 / 升，一般就会出现肉眼可见的变化。高脂血症是血液中甘油三酯浓度升高，同时乳糜微粒或极低密度脂蛋白及胆固醇也增多。

自发性高脂蛋白血症多发生于中老年小型犬，病因不清，可能与家族遗传有关。临床表现为腹部疼痛、腹泻和骚动不安。血清呈乳白色，血脂检查为高甘油三酯血症、轻度高胆固醇血症，血清乳糜颗粒、极低密度脂蛋白和低密度脂蛋白浓度也升高。

自发性高胆固醇血症多发生在德国杜宾犬和罗威纳犬身上，病因不详，临床症状不明显。血脂检查为高胆固醇血症，血清低密度脂蛋白浓度也升高。

🐾 喂养高脂血症狗狗的正确方式

治疗继发性高胆固醇血症应首先治疗原发病，同时适当配合饲喂低脂肪高纤维性食物，主要是一些杂粮和蔬菜。

原发性自发性高脂血症主要饲喂低脂肪和高纤维性食物或减肥处方食品。如果主人喂养了 1 ~ 2 个月此类食物不见效时，可试用降血脂药物。常用降血脂药如烟酸，狗狗每千克体重服用 0.2 ~ 0.6 毫克，口服，一天 3 次。降血脂药副作用较多，应用时应注意随时咨询宠物医生，在医生的指导下给狗狗服用。

狗狗瘦不下来怎么回事

🐾 什么是肥胖症

　　如果狗狗的体重在一段时间内突然超过了标准体重，而且在实行了一系列减肥计划后仍旧减不下来，这时候，就要怀疑狗狗是不是患上了肥胖症。

　　肥胖症是体内脂肪组织增加、过剩的状态，是由于机体的总能量摄入超过消耗，过多部分以脂肪形式蓄积，是成年犬中较常见的一种脂肪过多性营养疾患。多数肥胖由过食引起，这是饲养条件好的狗狗中最常见的营养性疾病，其发病率远远高于各种营养缺乏症。一般认为体重超过正常值的 15% 就是肥胖症。

🐾 肥胖症的原因是什么

　　引起狗狗肥胖症的原因主要是能量的摄取超过消耗。引起肥胖症的因素比较多，常见因素有以下几种：

品种、年龄和性别因素

　　年龄越大，越容易发生肥胖。雌性比雄性多发。比格犬、腊肠犬、牧羊犬和拉布拉多短脚猎犬都是较易肥胖的品种。

饮食过量

　　因为食物味道好，狗狗吃得多，主人没有加以制止，或者主人喂食狗狗的零食较多。采用自由喂食法，狗狗摄食过量，加上运动不足。

疾病因素

　　狗狗患有呼吸道、肾和心脏疾病等，容易发胖。睾丸、卵巢摘除与内分泌疾病因素易致肥胖。

遗传因素

　　犬猫父代肥胖，其后代也易肥胖。

🐾 肥胖症的狗狗有哪些症状

- 患肥胖症的狗狗体态丰满，皮下脂肪丰富，尤其是腹下和身体两侧，用手摸不到肋骨。

- 肥胖狗狗食欲亢进或减少、不耐热、易疲劳、迟钝、不愿活动、走路摇摆。

- 患肥胖症的狗狗易发生骨折、关节炎、椎间盘病、膝关节前十字韧带断裂等；易患心脏病、糖尿病和繁殖性障碍等，麻醉和手术时易发生问题，狗狗生命周期缩短。由内分泌紊乱引起的肥胖症，除上述肥胖的一般症状外，还有各种原发病的症状表现，如甲状腺机能减退和肾上腺皮质机能亢进引起的肥胖症有特征性的脱毛、掉皮屑和皮肤色素沉积等变化。

- 患肥胖症的狗狗血液胆固醇和血脂升高。

🐾 正确的防治方法

肥胖症的防治应当以预防为重点。防止发育期的狗狗肥胖是预防成年狗狗发生肥胖的最有效方法。

狗狗患上了肥胖症可采取以下措施进行治疗：

减食疗法

制定合理的食物饲喂计划。一是定时定量饲喂，少食多餐，1天食量可分成 3 ~ 4 次，正餐以外不给任何零食；二是减少喂食量，狗狗可以喂平时食量的 60% ~ 70%；三是饲喂高纤维、低能量、低脂肪的食物或减肥处方食品，使它有饱腹感而不感到饥饿。

运动疗法

每天有规律地进行 20 ~ 30 分钟的小到中等程度的运动。

药物减肥

可用缩胆囊素等食欲抑制剂、催吐剂、淀粉酶阻断剂等消化吸收抑制剂，使用甲状腺素、生长激素等提高代谢率。

治疗原发病

对内分泌紊乱引起的肥胖症，应治疗原发病。

原来我家的狗狗不能喝牛奶

　　有些狗狗是不能喝牛奶的，这和不耐乳糖症是分不开的。不耐乳糖症是消化吸收不良综合征之一，是指未消化的乳糖存在于大肠中而导致的胃肠道症状。本病随年龄的增长而增多，多发于成年狗狗。

🐾 发病的原因是什么

　　由于狗狗肠黏膜的乳糖分解酶先天或后天性缺乏，食物中的乳糖不能被消化分解而进入下段肠道，形成高渗状态或异常发酵，导致腹泻。

　　狗狗断奶后，乳糖酶活性迅速降低，不耐乳糖症的发生明显增加，特别是平时不常喝牛奶的狗狗，食入牛奶每千克体重超过 20 毫升时，即可出现明显的症状。

🐾 不耐乳糖症的症状是什么

　　狗狗食入牛奶后迅速出现腹泻、肠鸣及腹痛等。

🐾 如何喂养不耐乳糖症的狗狗

　　根据病史和临床症状，可作出诊断。停止饲喂含有乳糖和乳制品的食物。先天性不耐乳糖症狗狗，必须用不含乳糖的特制奶粉进行人工哺乳。

维生素代谢性疾病

维生素是狗狗机体所必需的一类有机化合物。它是以本体形式或可被利用的前体形式存在于天然食物中。狗狗对维生素的需要量很少，仅占其食物的二十万分之一到二亿分之一，但其生理功能却很大，缺乏或不足就会引起狗狗发病，甚至死亡。动物机体维生素缺乏或不足是一种渐进过程，长期轻度维生素缺乏，并不一定出现临床症状，但可使患病动物呈现活动能力下降、对疾病的抵抗力降低等。

糟糕，狗宝贝缺少了维生素 A

维生素 A 又称作视黄醇，主要作用是维持正常视觉和黏膜上皮细胞的正常功能，可促进狗狗生长以及骨骼、牙齿发育，增强免疫功能，且对狗狗的视力功能也有一定的促进作用。狗狗对维生素 A 的需要量较大，但一般来说，狗狗维生素 A 缺乏症发生的频率并不是很高。只有长期饲喂缺乏维生素 A 的食物或对食物煮沸过度，致使食物中的胡萝卜素遭到破坏，或者狗狗长期患有慢性肠炎等原因才会导致维生素 A 缺乏。妊娠和泌乳期的狗狗，如果不加大食物中维生素 A 的含量，也会使狗狗患维生素 A 缺乏症，甚至影响胎儿或幼龄犬的生长发育和抗病能力。

🐾 狗狗缺乏维生素 A 会有哪些表现

狗狗体内维生素 A 缺乏时，首先表现为适应能力降低，步态不稳，甚至直接患上夜

盲症。患病的狗狗角膜增厚、角化，形成云雾状，有时出现溃疡和穿孔，甚至失明；还会出现干眼病；生长停滞、食欲减退、体重减轻和被毛稀松也多见，进一步发展则出现毛囊角化，皮屑增多。雄性狗狗出现维生素 A 缺乏症时会有睾丸萎缩、精液中精子减少等问题。

雌性狗狗若患有维生素 A 缺乏症，轻者容易出现流产或者死胎的现象，严重一点有可能出现不发情的情况。缺乏维生素 A 的狗狗会产下易患呼吸道疾病的虚弱活仔，成活率低。

断奶后患维生素 A 缺乏症的幼犬，多死于继发性呼吸道疾病。

🐾 正确的喂养方式

- 预防措施主要是平时加强饲养管理，合理安排狗狗的饮食，供给足够的含维生素 A 的食物，如胡萝卜、黄玉米、脱脂牛奶、鸡蛋、肉类、肝脏等。但要注意适量，过多喂食含维生素 A 的食物也会有害。

- 参考成年和正在生长发育的幼龄犬维生素 A 需要量，增加处于妊娠和泌乳期狗狗的供给量，促进对维生素 A 的消化吸收。可在食物中添加适量的脂肪。

- 对于已患有维生素 A 缺乏症的狗狗，每天口服 2～3 毫升鱼肝油或维生素 A。

🐾 重视维生素对狗狗的作用

尽管维生素只占了身体营养成分很小的一个比例，但是其作用也是不容忽视的。不同的维生素有着其对应的作用，缺乏任何一种维生素对于身体健康都是不利的。

狗宝贝的健康成长，不能缺少 B 族维生素

B 族维生素属于水溶性维生素，可以从水溶性的食物中提取。多数情况下，B 族维生素缺乏无明显特征，时间长了，会导致狗狗食欲下降和生长受阻。除维生素 B_{12} 外，水溶性维生素几乎不在体内贮存，主要经尿排出（包括代谢产物）。对于 B 族维生素，不必担心它被过量喂食会导致狗狗中毒，因为多余的维生素会排出体外，不会在体内存留。

🐾 狗狗为什么会缺乏 B 族维生素

B 族维生素对于维持狗狗皮毛的健康、防止狗狗腹泻、促进狗狗的生长都非常重要。造成狗狗 B 族维生素缺乏症的原因有如下几点：

食物长期放置，导致B族维生素逐渐被破坏。

食物在高温和某些特定条件下，B族维生素逐渐被破坏。

狗狗患有慢性肠炎等疾病，导致狗狗对B族维生素摄取不足。

🐾 狗狗缺乏 B 族维生素有哪些症状

缺乏维生素 B_1 的症状

狗狗明显消瘦、厌食、全身无力和视力减退或丧失，还会因为坐骨神经障碍而引起跛行，步态不稳。另外颤抖、轻瘫、抽搐和瞳孔散大等都是维生素 B_1 缺乏的表现。

缺乏维生素 B_2（核黄素）的症状

狗狗消瘦、厌食、贫血、全身无力，还有视力减退，皮肤上有干性落屑性皮炎或肥厚脂肪性皮炎等症状。

缺乏维生素 B_5（泛酸）的症状

狗狗生长发育迟缓或停滞，还可能出现脂肪肝和胃肠紊乱症状。

缺乏维生素 B_6 的症状

幼龄期的狗狗表现为生长停滞，发育不良，体重明显减轻。成年狗狗则表现为食欲不振，还有贫血、痉挛、口炎、舌炎、口角炎和反应过敏等症状。在患病狗狗的眼睑、鼻、口唇周围、耳根后部和面部等处，易发生瘙痒性的红斑样皮炎等。

缺乏维生素 B_3（烟酸）的症状

狗狗的主要表现是食欲不振、口渴、舌和口腔黏膜有明显的潮红。在唇、颊的黏膜和舌尖上还会形成密集的脓疱，并会发生溃疡、出血和坏死。如果发现狗狗的口腔有恶臭，还流出带有臭味的黏稠唾液也是缺乏维生素 B_3 的表现。此外，患病的狗狗还有体温升高、食欲不振、消化不良和伴有腹泻的症状。因为患病狗狗的舌苔会增厚并呈灰黑色，所以这个病也叫作黑舌病。当烟酸严重缺乏时，狗狗胸腹部还可出现溃疡，臀部还可出现麻木、麻痹等神经症状。

缺乏维生素 B_{11}（叶酸）的症状

狗狗贫血和白细胞减少。

缺乏维生素 B_{12}（钴胺素）的症状

狗狗生长缓慢，逐渐贫血，还有拒食、消瘦和消化功能被破坏等表现。

🐾 **正确的喂养方式**

• 及时补充狗狗所缺乏的对应维生素，或者直接补充 B 族维生素。

• 根据狗狗病情，加强饮食补充。饮食中加入肉、猪肝、肉骨粉、酵母对 B 族维生素缺乏症也有好处。乳清、肉、蛋白、鱼等含有丰富的维生素 B_2。生肉、肉骨粉、鱼粉、乳制品中含有丰富的维生素 B_5。

矿物质代谢性疾病

矿物质是构成动物机体组织和维持正常生理功能所必需的重要元素。狗狗的矿物质代谢，由于无机盐在食物中分布较广，通常都能满足其机体的生理需要。但在特殊地理环境中或其他特殊条件下，也有可能发生矿物质代谢性疾病。

狗狗也会患上佝偻病

狗狗的佝偻病，多见于 1～3 个月的幼犬，是幼犬因缺乏维生素 D 和钙而引起的一种代谢病。患有此病的狗狗会骨骼变形，走路畸形，非常痛苦。

狗狗患上佝偻病的原因是什么

食物中钙、磷不足或比例失调，或者阳光照射不足以及维生素 D 缺乏，引起的幼犬骨组织钙化不全，骨质疏松、变形的疾病称为佝偻病。如果发生在成年犬，称为骨软病。

- 食物中钙、磷不足或钙、磷比例失调。食物中理想的钙、磷比例，狗狗是（1.2～1.4）：1，并且占每日粮食总成分的 0.3%。尤其要注意磷含量过多，如大量饲喂动物肝脏，引起的钙、磷失调。生、熟肉中都含钙较少，且钙、磷比例为1：20，所以用去骨骼的鱼或肉喂犬时容易发生钙缺乏。

- 维生素 D 不足或缺乏也是佝偻病发生的主要原因。

- 患尿毒症或有遗传缺陷时，对维生素 D 的需要量增加，容易发生佝偻病。肠内寄生虫过多，妨碍钙、维生素 D、蛋白质等吸收，也会诱发佝偻病。

🐾 如何察觉狗狗得了佝偻病

容易发生在幼犬身上

佝偻病容易发生在 1 ~ 3 月龄的幼犬身上。本病初期表现不明显，只呈现不爱活动。逐渐发展表现为关节肿胀，前肢腕关节变性疼痛；四肢变性，呈外弧或内弧姿势。患有佝偻病的狗狗换齿晚。

病犬喜欢躺卧

患上佝偻病的狗狗站立时，四肢不断交换负重，行走跛行；头骨、鼻骨肿胀，硬腭突出，牙齿发育不良，容易发生龋齿和脱落；肋骨扁平，胸廓狭窄；肋骨和肋软骨结合部呈念珠状肿胀，两侧肋弓外翘；有时不能站立，体温、脉搏、呼吸一般无变化。

吃奇怪的食物

当发现狗狗吃墙土、泥沙、污物等，排便呈绿色，还会舔舐别的动物或其自身的腹部，此时就要怀疑它是不是患上了佝偻病。患有佝偻病的狗狗会因异嗜引起消化障碍，不活泼，继而消瘦，最终发生恶性病变。

伴有甲状腺功能亢进

产后母犬缺钙，常于产后 10 ~ 20 天发生产后抽搐。病犬血清检验，佝偻病表现低钙和低磷，碱性磷酸酶活性显著升高。骨软症表现为低钙、高磷和碱性磷酸酶活性显著升高。

妨碍进食

患病狗狗还会出现胸骨下沉，脊椎骨弯曲（凹弯、凸弯），骨盆狭窄。由于躯干骨、四肢骨的变形，成为侏儒状骨骼。上颌骨肿胀，口腔变得狭窄，发生鼻塞音和呼吸困难。由于颌骨疼痛，妨碍咀嚼。

🐾 正确的喂养方式

加强饲养管理

增加日光浴，尽量多晒太阳，多做运动。如果粪便中发现寄生虫或虫卵时要驱虫。腹泻时需要给予健胃助消化药，同时还应给予品质优良的蛋白饲料。为了防止钙和磷比例不当，犬每饲喂 100 克鲜肉，添加碳酸钙 0.5 克；每 100 毫升牛奶添加碳酸钙 0.15 克。

补充维生素 D 制剂

早期治疗可以给狗狗使用维生素 D 制剂，在饲料中添加鱼肝油，内服每日剂量为每千克体重 400 IU。注意不要造成维生素 D 过剩。

哺乳期的狗狗补好钙

哺乳期的狗狗会流失大量的钙质，如果狗妈妈钙质不足，小奶狗也会钙质吸收不好，因此要给哺乳期的狗妈妈补钙，经常带狗狗运动，晒晒太阳，促进钙质的吸收。

补充钙制剂

如骨粉、鱼粉等，根据体重用 0.5 ~ 5 克拌料饲喂。口服碳酸钙，每千克体重 1 ~ 2 克，每天 1 次；或口服乳酸钙每次 0.5 ~ 2 克。病情严重者及时去宠物医院进行治疗。

少了锌，狗狗不爱吃饭、长得慢

一般蛋白质食物中锌含量较多，海产品是锌的主要来源，奶类和蛋类次之。饲喂过多的植物性蛋白质时，宠物对锌的需要量增多。食物中高钙也会减少犬对锌的吸收。

🐾 狗狗缺乏锌的主要表现

长期用高钙性食物饲喂幼犬，幼犬表现为厌食，生长缓慢，个体小，脸、四肢和身上有痂片和鳞片损伤。

狗狗缺乏锌的主要表现是食欲不振，体重减轻，发育迟缓，呕吐，全身被毛稀疏，皮屑性皮炎，被毛脱色，睾丸发育不全，创伤愈合能力下降，精神沉郁及末梢淋巴疾患。

🐾 正确的喂养方式

狗狗补锌的药物

使用药物补锌的特点是快速见效，有两种常见药：

蛋氨酸锌：每升水含 2 ~ 3 毫克左右，每日一次，给狗狗喂食。

硫酸锌：每升水含 2 ~ 3 毫克左右，可以和狗粮等食物混合食用，每日一次。

以上两种药品，一般三个月左右见效。

可用于补锌的食物

建议平日多给狗狗吃些肝脏、鱼、牡蛎、瘦肉、奶酪、鸡蛋和豆类，另外可以喂食一些未经提纯的面粉或大米食品。这些食品含锌量极高，多吃些海产品或粗粮，也非常有益。

🐾 锌过多症的危害

食物中锌含量过多，虽然对动物毒性不大，但会影响动物对食物中铜和铁的吸收和利用。实验证明，每 100 克干食物中，锌含量超过 30 毫克时，就会影响动物对食物中铁和铜的吸收。

无精打采的狗狗，可能是缺铁了

🐾 狗狗为何会缺铁

多种食物可能影响食物中铁的吸收。通常植物性食物中，由于其中含有较多的植酸盐、草酸盐等，会影响铁的吸收；动物性食物中蛋白质具有促进铁的吸收作用，但牛奶、奶酪和蛋类则没有此类作用。

狗狗长期食用牛奶或者奶制品，或体内外寄生虫和慢性出血等，都可能引起铁缺乏。狗狗发生铁缺乏时表现为无力和容易疲劳，发生小红细胞低色素性贫血、红细胞大小不同症、异形性红细胞增多症。

因此平时注意用肉类饲喂狗狗，则不容易发生铁缺乏症。

🐾 狗狗也会铁中毒

应用含过多铁，尤其是毒性较大的二价铁饲喂狗狗，容易发生铁中毒。狗狗中毒后表现为厌食、体重减轻、低蛋白血症和肠炎。幼龄动物铁过剩，特别是在维生素E 和硒缺乏的情况下会发生死亡。

狗狗被毛褪色，可能是缺铜了

🐾 狗狗为何会缺铜

铜的缺乏主要是因为锌、铁或钼的过剩，表现与钙缺乏症同样的发育迟缓、骨病变、异嗜。铜缺乏时，尽管铁含量正常，仍然能发生贫血，此外，狗狗还会发生被毛褪色和腹泻等。由于铜缺乏，常常可以使含铜酶活性减弱，从而导致骨骼胶原的坚固性和强度降低，发生犬骨骼疾病。

被毛深色的宠物缺铜时，眼睛周围毛发变淡、变白，状似戴白边眼镜，因此有"铜眼镜"之称。

🐾 铜过多有哪些危害

食物中铜浓度过高时，也可能会引起狗狗贫血，这是由于铜和铁在小肠吸收中竞争的结果。狗狗具有一种特殊性缺陷，就是肝脏铜储量过多，会引起铜中毒。中毒症状为肝炎、肝硬化，并且还能遗传给下一代。急性铜中毒犬可能出现呕吐，呕吐物及狗狗粪便中含绿色或蓝色黏液，同时狗狗呼吸会加快。后期会出现体温下降、虚脱、休克，严重者在数小时内死亡。

镁代谢病

镁普遍存在于各种食物中，富含叶绿素的蔬菜是镁的主要来源，动物饲喂一般的食物不会缺乏镁。但狗狗的食物过于单一或者发生慢性腹泻使镁排出过多，可能发生镁缺乏症。

缺乏镁时，狗狗表现为生长发育迟缓，爪外展，甚至掌骨也外展、增长，软组织钙化，长骨骨端外缘扩大。缺镁还表现为对外界反应过于敏感，耳朵竖起，行走时肌肉抽动，严重时发生惊厥。

锰代谢病

锰元素也是狗狗所必需的矿物元素之一。锰主要来源于植物性食物中，动物性食物中锰含量极低。锰缺乏主要原因是食物中长期缺锰。另外，狗狗的食物中有过多的钙、铁等时，也会影响锰的吸收和利用，造成锰缺乏症。狗狗缺乏锰时，由于不能激活一种或多种酶参与化学反应，从而引起生长停滞，骨骼变形，关节肿大，生殖机能紊乱，抽搐，强直，不爱活动，以及新生物运动失调等。

盘点狗狗常见的
几种疾病

　　随着社会交流的频繁、生活水平的提高，不仅人类患病的概率不断升高，狗狗也同样如此。身为主人的你，了解狗狗发病的特点是非常有必要的。只有熟悉了狗狗的发病特征，才能预防狗狗生病，确保家人和狗狗都健康。通常来说，狗狗患病多半是由于饲养管理方法不当、疫苗接种率不高等原因造成的。而狗狗最容易患上的疾病，一般有消化不良、螨虫、犬瘟热三种。

消化不良

　　狗狗的肠道比我们人的短很多（人是狗的6倍），所以它们更容易发生消化不良的症状，主人一定要多加注意，尤其是在给它们换食物的时候。

🐾 狗狗发生消化不良的原因

　　狗狗消化不良，一般是主人饲养不当造成的。很多时候，主人自己的生活不规律，饲养狗狗也不规律。或是让狗狗饥饱不均，或是主人喂给狗狗的食物不卫生。让狗狗冬天吃冷食、夏天吃腐食，餐具不干净等，都可能导致狗狗消化不良。

🐾 狗狗消化不良的表现

　　消化不良的狗狗，最有可能出现的症状就是便秘和腹泻，有时还会伴有呕吐。最初的呕吐物一般是狗狗刚吃进去的食物，后面变成了泡沫样的黏液和胃液，并且在呕吐物中可能还混有血液胆汁和黏膜碎片等。

　　狗狗轻度消化不良会出现腹痛等症状，身体弯曲匍匐在幽暗的角落，腹部紧张，小便颜色偏黄，这些症状一般会持续2～5天。严重消化不良时会发生浑身抽搐等情况，这时最好立即送宠物医院检查治疗。

🐾 如何防治狗狗消化不良

　　首先必须停止喂食一天，之后再喂稀饭、菜汤等容易消化的流质食物。

　　如果是轻度消化不良，可给狗狗吃些健胃助消化的药物；如果狗狗拉稀，并且粪便中混有黏液、血液等物质，可以给狗狗口服黄连素之类的药品。当然，药剂量不宜过大，并且最好能够混在食物中喂食。

螨虫是一种皮肤病，俗称癞皮病，是由螨虫引起的一种体外寄生虫病。一旦有螨虫存在于狗狗皮肤、被毛上，就会引起瘙痒、溃烂。如果生了螨虫病的狗狗和人有接触，还会将这种病传染给人类，而且传染性极强、速度极快。

🐾 狗狗产生螨虫的原因

螨虫一般是狗狗不注意卫生引起的，比如狗狗经常和流浪狗玩耍，或是喜欢待在外面肮脏的地方，喜欢往垃圾堆里跑，都会导致身上长螨虫。

🐾 具体表现有哪些

狗狗一旦患上螨虫，在眼睑及周围皮肤处、额头、颈部下方、肘部、腹部、股内侧等被毛多且幽暗的地方，多会出现斑点、皮肤粗糙、脱屑或长小疙瘩等。

如果病情严重，患病的皮肤上还会长脓疱。脓疱中又含有大量的螨虫虫卵，这样恶性循环，还会危害家里的其他动物和人。

🐾 如何防治狗狗患上螨虫病

为了避免狗狗感染螨虫等皮肤疾病，应该每年定期给狗狗注射疫苗，并有规律地给它除螨，即使是在冬天，也要照常给狗狗洗澡，注意保持卫生。

通常来说，狗狗在 20 ～ 25 日龄时，就应该除螨虫了，以后最好每月进行一次。狗狗的厕所要彻底打扫，粪便要集中销毁，以免日后再污染。另外，狗狗的水槽每天应该清洗，食槽、水槽每周消毒一次，可采用高温煮 20 分钟的方法，也可采用 4% 的碱水溶液浸泡，最后用清水洗净即可。

已经患了螨虫疾病的狗狗，可以采用药物治疗法，如用含有除螨剂的洗发液洗浴，每 4 天洗一次，效果很好，然后用抗过敏药膏涂擦患处。狗狗的生活环境也要干净整洁，狗狗的床单、被褥清洗后要高温消毒。

犬瘟热

犬瘟热就是人们通常说的"狗瘟"，是由犬瘟热病毒引起的传染病，一般多在春季发生，4～12个月大的狗狗最容易患此病，如果不及时治疗，死亡率非常高。这种病传染性很强，通过消化道、呼吸道都可以传染，鼻汁、唾液、血液、尿液中都可能带有病毒，一旦被其他狗狗接触很可能也会感染发病。

🐾 犬瘟热的具体表现

在患病初期，狗狗精神倦怠，食欲下降，整天无精打采，眼睛和鼻子里还会不断流出水样分泌物，甚至体温升高至40℃以上，并且持续1～3天高烧不退，之后有所缓解，但几天后很可能再次升高，高温持续时间更长，周而复始，最终引发身体其他器官感染。

在患病后期，狗狗会全身抽搐，口吐白沫，有点像中毒的反应，严重时甚至会昏厥休克，直至最后心力衰竭而死。

🐾 如何防治犬瘟热

犬瘟热虽然看起来非常可怕，但是完全可以预防。在狗狗出生后不久，一定要及时给它注射抗瘟疫苗，并训练狗狗少在外面"惹是生非"，不要随便吃外面的东西，不要随意和流浪狗接触，这样就可以杜绝这种疾病了。

如果很不幸，狗狗已经患上了犬瘟热，则应该及时注射特异性高免血清，有效清除狗狗体内的病毒，根据病情确定每天注射的次数。然后再用抗生素控制继发性感染，最后对症治疗，给狗狗补充营养液。当然这种病一般都需要在兽医的指导下治疗，自己最好不要胡乱给狗狗吃药或打针。

Part 5
喂养狗狗
Q&A

喂养狗狗需要我们精心地呵护，

在照顾它们的过程中难免会遇到

一些让你疑惑的问题，

一起来看看狗主人们经常会遇到的一些问题吧。

Q1：狗狗挑食怎么办？

A: 为了避免狗狗挑食，从小就要训练它有固定的用餐时间，以及固定吃狗粮的习惯。如果是 3 个月的狗宝宝，每天可以吃 3 ~ 4 餐；随着狗狗的成长，每天可以吃 2 ~ 3 餐；狗狗 1 岁以后就可以根据情况，每天吃 1 ~ 2 餐。

如果主人不希望狗狗只对香喷喷的食物有兴趣，从小就要让狗狗习惯以狗粮为正餐。用餐时，让狗狗养成专心用餐的习惯，15 分钟内用餐完毕，过了时间，就不给狗狗吃东西，除非到下次吃饭的时间，不要让狗狗养成想吃就吃、不想吃待会再吃的坏习惯。

另外，还可以借助药物让狗狗拒绝挑食。可以利用药物复合维生素 B 溶液来改善狗狗挑食的习惯。B 族维生素可以促进碳水化合物、蛋白质和脂肪的代谢，对改善狗狗食欲非常有效。将适量复合维生素 B 溶液倒在狗狗的饮水盘中，几天后你会发现，狗狗居然将平时不愿意碰的食物一扫而光。一般的药店都能买到这种维生素。

Q2：我家狗狗爱吃草怎么回事？

A: 狗狗爱吃草是因为它觉得自己的胃里不干净，所以常会吃点儿草来清理自己的胃。狗狗在平时吃东西的时候，会吃进去一些自己的毛发；在平时玩耍的时候，也会吃进一些纤维。这些物质在狗狗身体里累积多了，会造成结石，导致狗狗消化不良，甚至患上厌食症，少量吃些草，可以帮助狗狗清除体内的毛发。主人必须注意的是，别让狗狗吃到喷洒过农药的草，以免造成狗狗中毒。

Q3：为什么狗狗爱吃便便？

A：很多狗狗都会吃自己的便便或别的狗狗的便便，主人不用太紧张，这些都是狗狗的正常行为，原因如下：

①模仿行为：主人经常为狗狗清理便便，久而久之，狗狗也会把它排出的便便清理掉，吃掉就是一个比较简单的方式。

②消灭证据：狗狗经常会因为随地大小便而受到主人的惩罚，为了避免再次被主人惩罚，狗狗只有自己主动把罪证"消灭"掉。

③天性吸引：狗狗吃便便是一种天性，便便里有一些特殊的味道是狗狗喜爱的。

④引起关注：狗狗吃便便虽然会被主人责骂，但对它们而言，此举却会吸引主人的关注。

⑤服从行为：低等级狗狗有时吃高等级狗狗的便便，以表臣服。

⑥喂食习惯：有些狗狗曾经一天要吃几餐，逐渐改为一天一餐后，会以吃便便充饥，因此养成吃便便的习惯。

A: 狗狗产后因保护仔犬而变得很凶猛,刚分娩过的狗狗,要保持 8 ~ 24 小时的静养,陌生人切勿接近,避免狗狗受到骚扰,致使狗狗神经过敏,发生咬人或吞食仔犬的后果。

刚分娩的狗狗,一般不进食,可先喂一些葡萄糖水,5 ~ 6 小时后补充一些鸡蛋和牛奶,直到 24 小时后才开始正式喂食,最好喂一些适口性佳而且容易消化的食物。最初几天喂食营养丰富的粥状饲料,如牛奶冲鸡蛋、肉粥等,保持少量多餐,一周后逐渐喂食较干的饲料。

注意狗狗哺乳情况,如其不给仔犬哺乳,要查明是缺奶还是疾病原因,及时采取相应措施。泌乳量少的狗狗可喂食牛奶、猪蹄汤、鱼汤和猪肺汤等,以增加泌乳量。

Q5: 夏季养狗要当心什么?

A: 夏季是胃肠疾病的高峰期,要特别注意卫生,每天更换饮水,餐具洗净消毒。在户外要让狗狗待在阴凉通风处,并给予足够的饮水。夏季炎热,狗狗游泳和洗澡的次数较多,要擦净残留在外耳道的水。此外,蚊虫是心丝虫病的主要传染媒介,要注意驱除蚊虫。

Q6：春季疾病如何预防？

A: 春季狗狗开始换新毛，身体需要充足营养，如果营养不足就会产生皮肤病。另外，紫外线的刺激，毛囊虫、疥癣虫的寄生，细菌、真菌的感染等都可能引起皮肤病。在春天气温上升时，跳蚤也开始活动。因此，生活环境要保持清洁，以免产生跳蚤。

Q7：秋季疾病预防需要做好什么？

A: 秋季日照时间渐短，太阳照射不足的话，幼犬会患上佝偻病，而成年犬易患软骨病。要勤晒太阳，这样有助于吸收紫外线，刺激皮肤中维生素D的吸收，促进骨骼发育。

Q8：冬季如何做好疾病预防？

A: 冬季小型犬和幼犬耐寒能力差，容易患呼吸系统疾病。感冒是百病之源，应及时治疗以除后患。幼犬感冒时，必须避免在粪便味很重的不洁场所饲养，否则可能引发慢性支气管炎。另外，还要注意避免小狗接触室内的保暖设备，以免烫伤。尤其注意春节期间饮食规律，要避免狗狗因摄入食物过多而引起消化不良，从而降低胃肠下痢和呕吐的概率。

Q9：狗狗最喜欢让人抚摸什么部位？

A: 狗狗喜欢被人抚摸的部位有头部后端、下巴、背部和前胸，经常抚摸狗狗的这些部位能够拉近主人和狗狗的距离，增加狗狗和主人的相互交流。而胸部、耳朵后面和颈圈周围，则是狗狗喜欢的搔痒部位。

Q11：狗狗如果过量喝水正常吗？

A: 过量饮水一般是身体内分泌失调的前兆，或是因为狗狗的排尿量突然增加，需要依靠大量饮水以补充流失的体液。如果狗狗的异常饮水习惯持续了几天，就应当及时带狗狗以及狗狗的尿样到医院检查。

Q10：狗狗的寄生虫会不会传染给人呢？

A: 如果你的狗狗身上有寄生虫，一定要及时处理，因为这些寄生虫不但对狗狗的健康有害，还会影响到人类。人类如果不小心吞进犬蛔虫卵，即使量很少也有可能导致感染，甚至还会出现失明情况。因此，一定要养成良好的卫生习惯，并采取一些合理解决措施，防止狗狗生有寄生虫，以充分保证狗狗和人类的健康。

Q12：如何纠正狗狗咬人的坏习惯？

A: 在狗狗玩耍的时候要注意，一旦发现狗狗使用牙齿，就要马上严厉地对它说："不！"然后走开一段时间，不理睬它。如果狗狗还是屡教不改，可以把它关进笼子里，或者把它送到另一个房间关上一阵子。

Q14：狗狗害怕上医院怎么办？

A: 害怕宠物医院，这是大部分狗狗都会出现的行为。狗狗生病后，必须送医就诊。一般而言，有过上医院的痛苦经历后，狗狗通常会产生相当排斥的行为。这时候，主人要慢慢诱导狗狗，向狗狗灌输"去宠物医院一点也不吓人"的思想。在下一次前往医院的路上，狗狗会赖着不走，或者一躺上手术台就发抖，想逃走。这时候身为主人的你，一定不要因为心疼它、怕它吃苦而不送它去医院，否则一旦病情恶化，将后悔莫及。如果狗狗很害怕上医院，最好是同时带着它平时喜欢的玩具、爱吃的点心，当作是进宠物医院的福利，在路上不断地鼓励它，适当缓和一下狗狗的恐惧感。

Q13：夏天没活力，狗狗是不是很怕热？

A: 狗狗的身上只有脚掌上的肉垫能够散热，其他很多地方虽然长有汗腺，但是都被毛覆盖着，很难有效降温。如果把狗狗丢在高温环境中，它们会很快中暑，甚至还可能引起更严重的后果。所以，天气炎热的时候一定不要把狗狗丢在车里或密闭的房间里，也不要拴在不够阴凉和缺水的地方。在炎热的夏季，应该把狗狗放在凉快的地方，并且在它身边放足够的清水。

Q15: 可以给狗狗吃生食吗?

A: 主张喂生食的人,通常是依据以下的论点: 1. 生食的营养成分高; 2. 狗狗的原始饮食习惯应该与狗的祖先狼一样是生食。

只不过,生食伴随着一些风险,像污染、细菌、寄生虫等等,这些都可能在宰杀、包装、运输、储存的过程中发生。而没有经过加工处理,这些细菌很难被杀死,冷冻只能延缓细菌和微生物滋生的速度、时间,却无法杀死它们。要特别注意不要让老人家、婴幼儿或者身体衰弱的病人接触喂生食的狗狗。为了狗狗和家人的健康,尽可能不要喂食狗狗生肉。

狗狗被驯化、圈养而跟着人群活动,自从人开始吃熟食之后,狗也开始了生、熟食混合吃的习惯。没有必要强调让狗狗像祖先一样生活,否则还容易引发狗狗的攻击性。

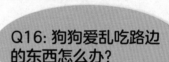

Q16: 狗狗爱乱吃路边的东西怎么办?

A: 当发现自己的狗狗喜欢捡食路边的食物时,应该严加禁止。当发现狗狗显露出想吃的意图时,应该立即喝止。万一已经含在口中,可以从狗狗嘴边上下颚关节处双侧扣住,使狗狗的嘴无法闭合,然后赶紧清理出它嘴里的东西。

Q17：狗狗中毒了怎么办？

A: 狗狗吃了腐败变质的食物或者药品，特别是吃了被药死的老鼠时就会中毒。判断狗狗中毒的几条依据：

🐾 行为异常

狗狗出现颤抖，身体倾斜无法保持平衡，精神焦虑不安，不停地流涎，癫痫发作，甚至失去意识。

🐾 流血

灭鼠的药物会使动物的血液凝固功能受到抑制。因此，误食了鼠药的狗狗在眼、耳、鼻、口处会不停地流血。

🐾 主人如何处理

发现狗狗有中毒症状的时候最好看一看家里少了什么，狗狗周围有什么可疑物品没有，这样可以初步知道中毒的原因，带着狗狗去医院时好告诉医生，做到对症下药。

🐾 呼吸困难

狗狗会出现呼吸困难、喘不过气或开口呼吸等症状。

Q18: 如何预防幼犬营养不良？

A: 幼犬营养不良是指犬在出生到断奶期间因营养不足或机体消耗增加而导致的以发育不良、体格矮小、体重较轻、精神萎靡、被毛粗乱等为特征的疾病。

发病原因一般是幼犬在出生后24小时未能及时吃上初乳或食入初乳过少。多发于窝出生仔犬过多、被母犬遗弃、母犬死亡，或由于母犬患乳腺炎、子宫炎或乳房发育不良等导致的泌乳减少或停止。也会因为母犬营养不良、过早断奶，或断奶后未能补充足量的代乳食物等饲养管理不当因素而产生。

根据幼犬近期吃奶过少或体重减轻等病史和特征性临床症状，可做出诊断。首先，提供温暖良好的饲养环境，调整每日粮食配方及饲喂方式，饲喂多价营养料，以满足幼犬的营养需求。其次，要规范幼犬饲喂、睡眠、玩耍和娱乐的时间。对母乳不足的幼犬，要添加乳品或找其他母犬寄养。合理补充蛋白质、维生素、能量物质和补充体液，提高幼犬的消化能力、吸收能力和机体抵抗力，防止继发病发生。

Q19：天然饭菜可以除去齿垢吗？

A: 不可以。只有饲料和犬用口香糖才可以消除齿垢。刷牙是消除齿垢的最佳办法。

齿垢不仅会引发口臭，其表面上的细菌也会随着血管流入其他器官，进而影响狗狗的健康。如果每天为狗宝贝刷牙很难的话，可以试着两三天为它们刷一次。这是为了保障狗宝贝的健康必须做的。

Q20：可以给狗宝贝提供比推荐饭量多一些的饭菜吗？

A: 喂狗狗吃了自己做的饭菜后，发现它食欲好像增加了，总是眼巴巴地盯着别人手中的食物。这时候，主人总是于心不忍，想给它吃，又怕它长胖了。其实，主人也不必过于纠结。饲料的水分约为 10%，而天然饭菜的水分则约为 70%。泡在水里的话，饲料的体积会变得很大。与之不同的是，由于天然饭菜中本身就含有水分，所以它的体积就不会在胃里膨胀。

如果将天然饭菜干燥后比较，那么，饭量其实是减少了的。由于饭量差距不会太大，而且宠物狗狗之间也存在个体差异，所以主人可以适当增减 10% ~ 20% 的饭量。

Q21：狗狗拉肚子时应该如何喂食？

A: 狗狗拉肚子时，最好先禁食 24 小时，并且在狗狗身边随时提供清洁的饮用水，如果伴随腹泻还有呕吐症状的话，则只要提供少量的水就可以了。

经过 24 小时的禁食后，可以开始给狗狗喂食一些清淡的食物，比如水煮鸡蛋、水煮鱼、米饭等。喂食的时间是每天 3 ~ 4 次，每次的分量不要太多，一直持续到狗狗大便正常为止。等狗狗身体恢复正常后，再用几天时间循序渐进地恢复到一日二餐的正常喂食，不要突然改变喂食习惯，否则容易引起新的腹泻。

狗狗腹泻的原因有很多种，如果你的狗狗腹泻症状持续了两天以上，并且还伴随有呕吐现象，就应该尽快送医就诊。

Q22：狗狗生病时应该吃什么样的食物？

A：没有胃口是生病的狗狗最先的表现，这也是狗狗健康问题出现的征兆。所以，如果想让狗狗快速恢复健康，良好的营养是非常重要的。

患病的狗狗会食欲不振，主人应该用香喷喷的食物引诱进食，并且饲喂方法也不能像平时一样，而是应该每天耐心地喂 3～4 次，并且每次的分量不宜过多。

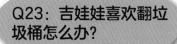

最好是自己动手喂狗狗，做一些新鲜而且营养搭配良好的食物。同时，要尽量让狗狗多喝水，还可以让医生开一些电解液，帮助狗狗补充体液。对于生病的狗狗而言，用水和电解液补充体液非常重要，最好每小时能给狗狗适量喂一点清洁的水或电解液，注意一次不能喂过多液体，以免引起狗狗呕吐。如果狗狗拒绝喝水，就需要在医生的帮助下进行静脉注射，以维持狗狗的身体机能正常运行。

Q23：吉娃娃喜欢翻垃圾桶怎么办？

A：这是个非常普遍的问题，吉娃娃天生有不浪费食物的习惯，垃圾桶里的食物对它非常有吸引力。主人一定要抓住时机，在它正在翻垃圾桶时及时制止，并坚定地说"NO"，并让它离开现场。这样才能让它意识到自己犯了错误。

A: 有些主人恨不得小松狮可以一夜长成"狮子",于是不断加强营养,不断喂自己的松狮吃肉。其实,这是一种非常错误的做法。多给松狮吃肉不仅不能使松狮变健壮,反而容易导致消化不良、难以吸收而使它发生腹泻。

肉类中钙少磷多,长期吃肉,松狮小狗体内容易因为钙、磷比例失调而导致骨骼形成障碍,易出现断裂。

如果是新生松狮幼犬,最好不要吃肉。最好吃些幼犬专用的奶糕、奶粉之类的。还要记得千万别给它喝牛奶,如果狗狗肠胃不适应,是会拉肚子的。

松狮幼犬大于 3 个月后,如饭、蛋黄、小牛肉粒之类的东西,可以慢慢给它吃,但一定要记住先把狗粮泡软了再给狗狗吃。还有,别吃太多。

A: 有的人说狗狗鼻头褪色是因为喂它吃甜食或是长虫引起的，这在医学上是没有根据的。皮肤上有色素沉淀是为遮蔽太阳光，保护皮肤的一种生理现象。在表皮深部的黑素细胞中，氨基酸系统及其诱导体制造黑色素细胞，因酵素的作用而酸化变黑，再由支配色素的细胞运至表皮，引起色素沉淀。因此，要使狗狗鼻头黑就要多让它做日光浴，并喂食富含氨基酸的肉、牛肝类，胡萝卜素多的紫苏、根叶、胡萝卜，碘多的海藻类等。

A: 一些狗狗在它外出或者从一个地方到另一个地方的时候，常常将吃剩的骨头或者其他食品埋起来，以便将来食用。这种行为可以认为是母犬贮藏食物给仔犬食用行为的残存，狗狗在家养状态下也有极少数会出现这种行为。当发现这种行为时，主人一定要重视，否则狗狗吃了因为藏匿时间过长而变质、腐烂的食物可能造成一定的伤害。主人平时要多关注自己的狗狗，尽量不要让它单独外出，发现它有"偷食"或者"拣食"行为的时候要及时制止。

Q28: 狗狗拒绝吃饭怎么办?

A: 刚刚被领回家的狗狗,它们在食物面前通常会将头扭过去,拒绝吃饭。人在压力大或者心情很不好的时候,肚子不会感觉到饿,不想吃任何食物。狗狗也是一样的,当它突然到一个陌生的环境,心情是很复杂的,也会没有食欲。当然,也可能是因为身体不舒服或者胃难受,还有可能是因为害怕或者害羞而不想吃。有些狗狗会在没有人看着它的时候,悄悄吃掉自己碗中的食物。

狗狗对周围的一切都比较陌生,不知道自己处在什么样的位置,所以感到紧张和不安。但是这种紧张感和不安会随着时间的推移在熟悉了环境之后自然消失。但是如果狗狗在吃、玩、睡等基本生理需求上出现了问题,那么我们就需要找出其中的原因,并及时解决。

Q27: 为什么狗狗更喜欢用手喂的食物?

A: 对于狗狗来说,直接由主人给予的食物要比碗里的食物更有价值。狗狗喜欢和主人亲密接触,主人喂狗狗的时候,也是和狗狗的一种互动,相对来说,更能吸引狗狗。

Q29：如何平衡狗狗的吃饭与运动？

A：对于发育中的幼犬，除了吃饭，就是运动和睡眠。当幼犬长得十分可爱时，周围的人会经常拥抱、抚摸它，但如果不适度，就会造成幼犬的睡眠不足或食欲减退。可是如果幼犬整日沉睡，不适当运动，也会食欲减退。幼犬喂食前应做适当自然运动。怎样才能做到自然运动呢？比如在喂食前40分钟让幼犬玩它喜爱的玩具，或者找个年龄相当的幼犬作玩伴，对幼犬的全身性运动和心理上的发育状态都有较佳的效果。幼犬的运动时间和次数应该按照幼犬的种类、发育状况、季节和当日的健康状态来定。6个月以上的犬，可以早晚让其单独运动或作拉引运动。

Q30：狗粮中常见的添加剂有哪些？

A：生产厂商在生产食物时，无论是给人类吃的还是给宠物吃的，都会加入一些添加剂，用以提高食物的品质，提升风味，改善外观以及保持鲜味。最常用的添加剂有抗氧化剂（防止脂肪腐臭）、抗菌剂（减缓食物腐坏的过程）、色素（改善外观）、乳化剂（防止水和脂肪分开）。

A: 狗狗一般对素食兴趣不大，但对肉类却异常敏感，这是为什么？这是由遗传因素和狗狗的消化系统决定的，因为狗狗的祖先野狼是肉食动物。野狼因为长期吃肉，它们肠胃内生成越来越多的分解肉质的消化酶，而分解其他杂食的消化酶越来越少，以致最后除了肉，其他食物在野狼体内完全无法被消化。狗狗遗传了野狼"为肉而生"的胃，对肉类当然就比较敏感了。

A: 如今的人们十分注重保健，越来越多的人渐渐减少肉食的摄入量，有些人甚至完全放弃了肉食，成为素食者。这样对待狗狗可是不行的，它们是杂食动物，要吃肉和植物才能保持身体健康。大部分蔬菜中富含抗氧化剂、维生素、矿物质，这些都是狗狗必需的营养，偶尔吃一两顿素食对他们的健康十分有益。买回来的菜要仔细洗干净才行。

Q33: 什么是食物过敏?

A: 食物过敏是身体对某种食物过敏,只要反复接触这种食物,就会出现过敏症状。而在第一次吃这种食物时,就可能会发生食物不耐症。

如果怀疑狗狗对某种食物过敏,可以让兽医给它们做检查。在检查之前,跟医生说清楚狗狗曾经吃过什么东西,吃了什么药,什么食物是第一次吃的。然后和医生一起设计排除实验,列出所有疑似过敏源,检测狗狗是否对它们过敏,这个过程很漫长,需要耐着性子去做。

Q34: 什么时候需要给狗狗喂营养增补剂?

A: 只有在以下情况,才需要给狗狗的饮食中添加营养增补剂:

①通过验血,知道它们体内缺乏某种营养。

②母犬处于哺乳期,要喂养一窝幼仔的狗狗,需要增加营养增补剂来增加食欲,提高饮食量。

③增加某种营养的摄入,以预防疾病或者治疗某种慢性病。

在给狗狗补充营养的时候,并不意味着越多越好。如果给狗狗补充过多的铜或者锌,容易导致它们中毒。所以在给狗狗补充营养之前,一定要咨询兽医,以确定狗狗是否需要补充营养。

A: 经常吃我们平常吃的饭菜，对狗狗来说，并没有多大益处。如果狗狗有这种"偷吃"的癖好，主人一定要想办法纠正它。狗狗都会重复对自己有好处的行为并且逐渐强化；对于毫无利益的行为，时间长了，就会慢慢消失。也就是说，只要不让狗狗有偷吃餐桌上食物的机会，时间长了，它就会慢慢放弃这个行为。

另外，当主人们在用餐的时候，可以在给它食物的同时，给它一点装有鸡肉的益智玩具。虽然它拼命拿出玩具里食物的样子看起来很可怜，但狗狗天生就有狩猎的本能，主人不用过分担心。将食物装入玩具中，反而对它来说具有极大的吸引力。相对于餐桌上的食物来说，说不定这类食物更能激起狗狗的兴趣。

Q36：哪些骨头不适合给狗狗吃？

A: 狗狗都有啃骨头的习惯，但是，有些骨头是不能给狗狗吃的，因为或多或少会伤害狗狗的身体。较适合给狗狗啃咬的是煮熟的猪、牛、羊的大腿骨。以下列出会对狗狗造成伤害的骨头种类：

①禽类长骨及颈部骨头：长骨是空心的，咬碎时易出现尖锐斜面，可能刺伤狗狗的口腔和食道；颈部骨头易造成狗狗食道堵塞，特别是对于体型较大的狗狗。

②带着关节的猪骨或牛羊骨：这些大骨头最好不要给狗狗啃，因为狗狗在啃的时候，牙齿很容易镶在骨头缝里，伤到狗狗的牙齿。

③鱼类的骨头：鱼的骨头在咬碎后，还会有尖尖的碎片，狗狗吃下去后，嘴巴或内脏都很容易受伤。